新时代艺术与传播实战系列丛书

短视频设计与传播

（第2版）

殷 俊 梁 冰 高 攀 冉迎宾 编著

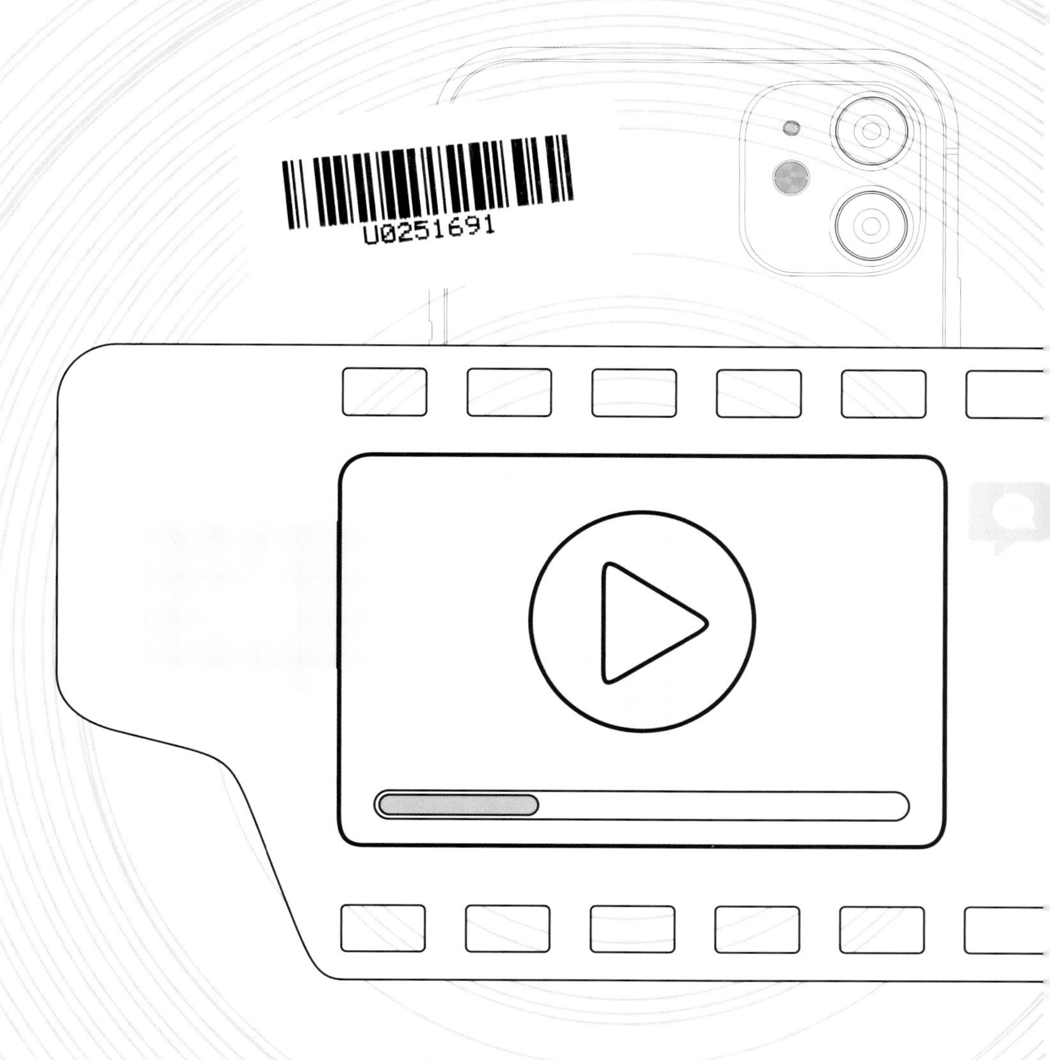

四川大学出版社
SICHUAN UNIVERSITY PRESS

图书在版编目（CIP）数据

短视频设计与传播 / 殷俊等编著. — 2版. — 成都：四川大学出版社，2023.11

（新时代艺术与传播实战系列丛书 / 唐维升，殷俊主编）

ISBN 978-7-5690-6489-6

Ⅰ. ①短… Ⅱ. ①殷… Ⅲ. ①视频制作 Ⅳ. ①TN948.4

中国国家版本馆CIP数据核字（2023）第221682号

书　　名：短视频设计与传播
　　　　　Duanshipin Sheji yu Chuanbo
编　　著：殷　俊　梁　冰　高　攀　冉迎宾
丛 书 名：新时代艺术与传播实战系列丛书
丛书主编：唐维升　殷　俊

选题策划：王　冰
责任编辑：王　冰
责任校对：刘一畅
装帧设计：陈　佳
责任印制：王　炜

出版发行：四川大学出版社有限责任公司
　　　　　地址：成都市一环路南一段24号（610065）
　　　　　电话：（028）85408311（发行部）、85400276（总编室）
　　　　　电子邮箱：scupress@vip.163.com
　　　　　网址：https://press.scu.edu.cn
印前制作：成都墨之创文化传播有限公司
印刷装订：四川五洲彩印有限责任公司

成品尺寸：185mm×260mm
印　　张：7.5
字　　数：131千字

版　　次：2020年11月 第1版
　　　　　2023年11月 第2版
印　　次：2023年11月 第1次印刷
定　　价：68.00元

扫码获取数字资源

四川大学出版社
微信公众号

内容简介

可视化产业是时下最热门的产业形态，短视频的设计与传播是可视化产业的核心内容。近年来，社会资本涌入短视频行业，整个行业呈现出蓬勃发展的态势；在“新冠”疫情期间，短视频更是将它“短、平、快、丰”的内容优势凸显出来；而在社交网络领域，“带货”短视频恰如春风吹拂过的野草，得到爆发式的增长。本书旨在从短视频的定位、拍摄、“涨粉”、引流、卖货、运营、推广等多个维度入手，分析各种类型短视频设计与传播的优秀案例，为艺术设计相关专业的学子和热爱短视频设计与传播的社会人士提供实际操作指南。

作者简介
About
The Authors

殷俊

二级教授，博导，重庆工商大学高层次人才特聘教授、文学与新闻学院院长、重庆市人文社科普及传媒基地主任、重庆市文化与传媒发展中心主任。中共中央宣传部直接联系高级专家，国家应急管理部直接联系高级专家，国家马克思主义理论研究与建设工程专家，中国新闻史学会第四届、第五届常务理事和第六届特邀常务理事，中国新闻史学会海外华文传媒专业委员会副理事长，国际公文传播学会副会长，国家社科基金项目、教育部规划基金项目及重庆、江西、内蒙古、广西、西藏等省级社科规划项目评审专家，教育部学位中心博士学位论文评审专家，教育部第二、第三、第四、第五轮学科评估专家，“挑战杯”中国大学生创业计划竞赛评委、“创青春”中国青年创新创业大赛评委、中国新闻社世界华文传媒研究特聘专家、重庆市学术技术带头人（新闻传播学），重庆市宣传文化“五个一批”人才，重庆市社会科学大数据中心主任，重庆市可视化大数据众创空间主任，重庆市青年联合会常委、教育界主任，重庆市全媒体传播研究院院长，重庆市水文化研究会会长等，重庆市“重大事件舆论风险评估”专家、重庆市文化和旅游发展委员会专家、重庆市经济和信息化委员会专家、重庆市农村农业委员会专家等。主持国家社科基金项目、教育部规划基金项目、国家广电总局规划项目、重庆市社科规划项目、贵州省社科规划等重大、重点、年度、招标等纵向项目 20 余项，主持重庆市研究生导师新媒体传播团队、重庆市研究生课程思政示范团队、重庆市研究生教育教学案例库、重庆市高等教育教学改革等教育类项目 10 余项，发表权威期刊、CSSCI 及核心期刊 100 余篇，出版专著 10 余部，获重庆市教学成果一等奖等省级及以上政府奖 10 余个。

梁冰

艺术硕士，导演、摄像、栏目主编、制片人。所创作的作品多次荣获中国广播电视协会和中国电视艺术家协会大奖以及重庆市政府新闻奖等省部级大奖，重庆工商大学传媒发展协同创新中心副研究员，重庆广电集团（总台）科教频道健康事业部总监、总制片人，中国科技新闻学会数据新闻专业委员会理事，重庆电视艺术家协会会员。

高攀

重庆电视台记者、编导，重庆电视艺术家协会会员，其作品多次获得重庆市级新闻奖。

冉迎宾

重庆工商大学艺术学院讲师，主持、参与过多家企业的企业视觉识别系统设计，作品和论文多次在专业杂志发表，指导的学生作品多次获国家级赛事等级奖。

ϕ 77 mm
ZOOM LENS

CONTENTS 目录

短视频
设计与传播

Video Clips
Design &
Communication

第一章

短视频概述

短视频是时下非常流行的一种可视化形态，代表了 5G 商用格局下可视化传播的一种新潮流和发展趋势。2019 年是中国的 5G 商用元年，当下，5G 技术与大数据、云计算、人工智能、VR（虚拟现实）、AR（增强现实）、MR（混合现实）以及区块链等诸多前沿技术逐渐融合，其系统持续集成创新、深度融合的应用也日渐广泛，开始覆盖中国社会经济和日常生活的各个领域，拥有巨大的发展潜力和广阔的发展前景。

物联网和全息影像等新技术的发展和深度融合，推动着整个中国的社会信息化进入“智媒阶段”。人与人、人与物、物与物实时交互，智能与人实时在线，“社会空间中充满着人和机器的结合体”。一个万物皆媒体的时代——数据化、智能化、虚拟化的5G智媒时代即将来临。万物通过人机信息共生，全效率的相互融合无所不及、无所不至、无所不包、无所不通。

2019年1月25日，在主持中共中央政治局第十二次集体学习时，习近平总书记提出了“四全”媒体这一新概念，即全程媒体、全息媒体、全员媒体、全效媒体。全息媒体与“万物可视”是一种事物的不同表达，其要义在于天地万物都通过可视化、全息化方式实现沟通、融合和传播。全息可视化表达和呈现构成智媒传播的载体形态和基本结构，可视化产业迎来蓬勃生机。作为5G智媒时代最具发展潜力的文化产业形态，可视化产业是伴随着技术、内容、形式、市场变革而强势崛起的朝阳产业，融合先进技术、动人故事与精致艺术的可视化产业正在重塑内容消费市场，带来更强大的信息容量、更丰富的信息形态和更强烈的感官体验。世间万物变得可观看、可聆听、可触碰、可交互，开启了全新的互动模式、交流空间和社交范畴。

2020年4月8日，移动、电信、联通三大运营商再次联手宣布推出5G智媒“消息”。5G消息打破了传统文字短信对内容、长度的限制，实现文本、图片、定位、音视频、表情等各种信息的有效融合。这无疑是互联网可视化智媒产业大规模发展的一个重要信号。聚焦、推动互联网文化与创意信息服务产业，构建可持续的“视联网”生态环境，是5G智媒可视化时代互联网文化产业大规模发展的重中之重。

5G智媒的外在表征与内部逻辑

（一）5G智媒的外在表征

作为推动新一轮互联网技术革命的关键基础设施，5G智媒是一个复杂的可视化综合网络信息系统，集毫米波（mmWave）频谱信息资源、波形和多址接入技术、大规模天线连接技术（MIMO）、网络切片（Network Slicing）、终端直通（D2D）、同时同频全双工（CCFD）、超密集异构网络、波束赋形、自组织网络（SON）、载波聚合（CA）、多接入边缘计算（MEC）等多项关键技术于一体。多元信息技术深度融合的5G有三大特点，第一大特点是超高峰值反应速率。5G网络的下行速率最高可达每秒1Gbps，上行速率可高达每秒100Mbps，是4G比特峰值的10倍以上。第二大特点是超低时延。5G网络下1毫秒的时延，是4G耗时的十分之一。第三大特点是覆盖广泛。5G网络可以对我们的社会生活实现更大范围、更高品质的网络部署。这三大特点衍生出更多的应用场景，人与人、物与物、人与物之间广泛连接、实时交互、深度融合，一张由5G与其他新兴技术编织的全球信息网络呈现出多角度、全方位覆盖的特点，万物都被赋予了“感知”能力，人类、物品、技术全方位协同生存和发展。

媒体网络信息技术和网络视听文化艺术是一个天平的两头，不顾其中一头的单方面快速发展，会让天平失去平衡，从而使其变得有害无利。移动互联网信息时代以人为中心的单向度全息传播已经转变，正在形成万物之间互联互控的多向度全息传播的新局面，传播的基本逻辑和其运作的路径发生了根本性的变化。社会传播进入了万物皆媒、众媒皆智的“智媒”传播新阶段，人与人、人与物、物与物之间巧妙地重构了交流和对话的重要渠道、空间和平台。传播的内涵已经发生了整体程度的变革，现有的信息内容生产、传播、反馈处理等模式被进一步整合、升级甚至完全颠覆，崭新的信息传播生态环境正在形成和发展。在传播内容的形态方面，可视化的传播已经成为信息内容表达的主要方式和新一代的社交传播语言，其强大的信息沉浸感、立体感、共情感等能力助推信息传播实现跨越时间、空间的情感沟通；在信息传播的主体方面，因技术赋能，万物都拥有共同感知的能力，物与人之间可以开展平等的对话；在传播内容的生产方面，适用于生产、生活等各个领域的智能机器人不断出现，成为一个不容小觑的传播群体，MGC（Machine Generated Content，智能机器人所生产的内容）与OGC（Occupationally Generated Content，职业生产内容）、PGC（Professionally Generated Content，专业生产内容）、UGC（User Generated Content，用户生产内容）等逐渐成为传播内容生产的主要表达方式；在网络接口方面，“入场通道”不再局限于智能手机、平板电脑等设备，基于高精度卫星定位系统、高灵敏传感设备等信息技术的智能化、可视化设备随处可见，脱离了时空的限制和束缚，人们可以随时随地自由进出网络空间。现实社会与互联网空间的边界已然模糊，呈现出社会信息网络化与网络信息社会化的面貌。乘着5G的东风，可视化信息传播产业发展的春天已经悄然来临。

（二）5G智媒的内部逻辑

“一个社会的传播架构由两类因素构成：一是它的基础架构；二是基于基础架构的应用。”目前正处于技术加速迭代和互联网革命升级阶段的物联网技术也属于内部基础架构的范畴。在互联网时代，物联网技术已经广泛应用于整个社会的传播，物联网则升级转化为智慧物联。从信息技术的层面来看，万物皆可智能，智能化技术的基本前提就是信息的可视化，唯有实现信息传播可视化，智能技术才能全面实现；从思想和精神的层面来看，信息的可视化呈现更有利于文化传播，有利于在意识层面交流文化和艺术成果，最终在整体上推动人类文明的发展。5G智媒技术带来了信息设备、平台、终端、渠道的整体功能全息化，思想所及，影像所至，万物有形，万物可视，全息全影，这也成为5G智媒的内在价值逻辑。

“全息”（holography）这个单词来源于希腊语“holo”，意为“全部的信息”，目前主要指光波的振幅信息及位相的分布信息。“全息媒体”，顾名思义是指从信息技术的层面，利用立体、沉浸、多样的现代全息媒体技术，实现多样化、优质化、立体化、沉浸化的真实世界及其内容的呈现，带给社会大众真实、多维的感官刺激和内容体验。共识寻找与塑造是全息媒体呈现世界的顶层价值设计，即社会因为媒体的报道有了更高程度的共识的达成，而不是加剧了社会的分歧和撕裂。全息媒体的终极目标是在一种愉悦、舒适、新鲜的文化传播环境中实现面向大众的有效文化价值的传递，重塑和涵化人们的思想和精神文化世界，实现文化传播价值与精神世界交往互动效果的最大化。

马歇尔·麦克卢汉（Marshall McLuhan）曾说："媒介即人的延伸"，任何的媒介（即对人的任何一种延伸）对我们的个人和社会的任何影响，都有可能是由于新的社会尺度产生的；我们的任何一种信息技术延伸（或曰任何一种新的信息技术），都必然需要在我们的全息媒体事务中创造性地引进一种新的信息技术尺度。纵观媒介变迁史，媒体的每一次更新迭代都是人类感官、认知能力的升级与扩展。数字化、立体化、智能化的全息媒体以可视化为主要呈现方式，人类感官的积极性、能动性被全面调动起来，延伸了人类的感知、认知能力，把"双智媒体"全面、深入地融入媒介信息生态环境的全部环节，所呈现的信息内容时间确切、空间精准、内容丰富、情感饱满，具有鲜明的信息沉浸化、场景立体化特征，能够直接实现对数据的快速综合处理、驱动和应用。所以，也可以说，全息媒体发展的最终目标就是使人与人的交流、物与物的互动都全息化，将可视化传播应用于所有场景中，建构媒体传播的新的形态范式和结构谱系。

（三）可视化产业是全息媒体的发展重心

全息媒体着眼于信息内容的终端呈现方式、结构和传播效果，从单一到交互，从二维到多维，从可读、可听到读听视一体化，着重强调智能可视、万物可视、一切可视，以视频为主导的可视化成为人与人、人与物、物与物、人与天地之间连接的重要方式。可视化是整个传播体系中信息内容展现自身魅力、传达价值观点的重要环节和呈现方式，也是最为关键的一环。应时、应势、应景的可视化传播全面、立体、真实地展示信息内容，一切事物都可以呈现、展示、表达、沟通，全面动态化、故事化、情感化、艺术化。形式即内容，全息可视产业的发展也改写了传播的主要内容。可视化产业正在发展壮大，并成为文化产业最具发展前景的产业形态。可视化产业是 5G 智媒时代外在表征和内在逻辑相统一的文化产业类型，把握可视化产业的发展方向和重要节点，建构全息可视交互矩阵，是打造全息媒体的关键步骤。

可视化产业是在技术驱动下崛起的新兴产业形态，井喷式爆发的海量数据是重要的生产资料，规模化的大数据、运行步骤复杂的算法等是隐匿的，需要借助可视化生产工具或传播方式，依托图形、语音、图像等处理技术，挖掘海量数据背后蕴含的规律、价值，以图像、视频、符号等可视语言将数据信息直观、生动、形象地呈现出来，助力人们正确理解数据、有效运用数据，赋予数据感知，让数据生动易接受，实现抽象、隐形事物如思维、规律、情绪、心理、环境等的动态、形象、立体呈现，达成多维互动、沉浸体验、涵化心灵的传播效果。

可视化产业的终端呈现形式主要包括文本可视化、声音可视化、多元融合可视化以及智能交互可视化四种基本类型。其中，文本可视化是将文本中单调枯燥的内容、难以理解接收的部分、难以通过文字传达的规律或情感运用可视化工具呈现出来，方便大众快速理解。声音可视化是通过打破感官壁垒，赋予听觉更多的可能性和更丰富的想象空间，对声音进行视觉化展示，让声音在被听见的同时能够被看见，通过多感官互动，使得受众全面接收、识别、理解声音中蕴含的信息。多元融合可视化是时下流行的应用方式，指融文字、声音、图片、视频等多种元素于一体，传达、呈现、诠释信息内容，实现传播图景、场景的普及化。智能交互可视化是融合可视化的升级版，除了具备融合可视化的效能，在万物互联的环境中，智能设备还被赋予对话、反馈功能；借由可视化这种重要的交互渠道和手段，智能系统可以进行人机对话、人际互动，从而“善解人意”，实现人机耦合，协同发展。智能交互可视化是可视化产业发展的主攻方向和重点发展领域。

我国可视化产业与全息媒体协同发展，关键在于将传统媒体平面、单调、静态的表达方式升级为一种立体化、多维度、全方位的可视化终端场景表现形式，增强与大众的文化信息共享、情感交互，实现社会价值的传递。可视化产业是 5G 智媒时代国家文化产业的一个重要组成类别，是增强和提升国家文化信息产业软实力的重要战略着力点。“事之难易，不在小大，务在知时。”抢占建设文化信息产业强国的先机，亟须进行可视化多媒体产业的顶层规划设计，为当代国家可视化技术与产业的协同发展建立强有力的协调联动机制，实现可视化产业的持续健康发展。这离不开国家对可视化产业的政策支持和制度保障。中央和国家政策层面应对该行业进行积极引导和大力支持，强化政策推动力和提升制度约束力双管齐下，建构一套多渠道、广覆盖、全方位支持和推动可视化产业健康发展的政策与产业制度保障体系，充分挖掘可视化产业的潜能，激发做大做强可视化产业的生机和活力。

（一）建立健全可视化产业体制，强化政策推动力

一是有效打通制度壁垒。5G 智媒时代，行业之间的制度壁垒界限日益模糊甚至逐渐消失，相互融为一体。应通过顶层设计，尽快打破文化产业现行制度与框架的束缚和藩篱，为进一步做大做强可视化产业提供良好的政策环境。

二是进一步完善可视化产业链。产业链（industry chain）这个概念属于传统的产业经济学范畴，此处指一种由对最终产品进行可视化加工的过程（从最初的自然资源进入，到最终产品到达消费者手中）中包含的各个环节所共同构成的整个可视化生产加工链条。“独木难成林”，依托技术创新和可视化联动技术的发展，充分发挥能动作用，向上下游延伸可视化产业链条，才能构造可视化产业体系，推动可视化产业向高质量、可持续方向发展。要加大可视化产业链招商、配套的力度，逐步形成完整的可视化产业服务链条、产业金融服务体系。要进一步建立可视化产业的投融资和服务体系，完善社会资本和企业进入的渠道、方式和资金结构，积极推进我国可视化产业与国内外前沿信息技术的有效融合发展和平台建设，推动我国可视化产业的智能化、科技化、集约化、品质化发展。

三是着力构建一个产业智能化集群。美国哈佛大学商学院迈克尔·波特（Michael Porter）提出的产业集群（industry cluster）概念仍有其价值，它本质上是指一种介于企业和其他资本市场间的经济组织和管理模式。在以国家主导产业集群为经济核心的特定国家或地区，大量生活在联系密切的可视化产业集群中的可视化企业和其相关的组织或者机构在发展空间上的聚集，形成了可持续、强劲的产业竞争优势。我国可视化产业的持续发展需要聚合优质的资源，形成良好的规模效应，全面提升我国可视化产业的国际地位和竞争力。

目前我国长江三角洲城市群特色文化产业的发展水平已居于世界前列，“基本形成了文化与创意、文化与科技相融合发展的特色文化产业发展模式，新闻出版、广播影视、原创动漫、网络游戏以及文化旅游等重点门类在全国均具有较大的知名度和影响力”。我国发展特色可视化产业要进一步确立文化集群融合发展的战略，将丰富的区域特色文化优势和资源作为推动可视化产业发展做大做强的现实条件和资本，支持和引导可视化产业龙头企业的文化技术创新，集聚优秀的产业技术人才，着力建设一批文化特色突出、优势明显的综合性可视化产业示范园区和可视化培训基地，构建和打造一批产业联盟、产业智库、协同创新平台，着力培育与可视化产业息息相关的主导产业体系，在全国布局完成 5 ~ 7 个可视化产业集群。

（二）健全法律体制，提升约束力

一是引入区块链技术。区块链因其去中心化、公开透明、不可随意篡改、永续性数据存储、安全可信等特性在国际上被称作“构造信任的机器”。区块链流通的所有数据和信息无法随意删除、修改，可以实现对信息和资料的永久加密保存，并可随时追根溯源。高端的数字加密技术是现代区块链的技术灵魂，区块链的密钥通过数字加密的算法和技术生成，分为公钥（public key）和私钥（private key）两种，可以实现对所有原始数据和信息的实时检索和追溯，任何一个人在区块链发布的所有信息和资料都可被检索和记录，没有私钥不可随意删除和篡改。现代区块链将重新定义人类信任的内涵，把人类特有的通过情感交互才能产生的信任与区块链高新技术紧密结合，驱动一系列基于算法透明原则的互联网应用，实现更高级、更客观、更稳定、更理性的机器信任，提升可视化产业门槛，构造一个更加活跃、生动的可视化产业发展环境。

二是完善法律法规。在不断推动可视化产业发展的同时，也应依据相关法律法规进行严格管理，确保可视化产业的发展有法可依，营造一个有序的运转空间。作为 5G 智媒时代文化产业的重要门类，各国针对文创产业的体制创新为我国可视化产业的发展提供了借鉴和启示。我国的可视化产业是一个新兴领域，目前正处于快速发展的初级阶段。各级政府要继续加快对可视化产业持续健康发展的领导和管理，各级人大及其常委会要发挥在可视化产业相关立法工作中的主导作用，完善我国文化产业的法制体系。这是支持和发展我国可视化产业的必要保障。只有对可视化技术产业实施严格的管理体制、严格的市场准入制度和严格的监督制度，实现可视化产业的依法管理和依法经营，才能促进可视化产业的繁荣和健康发展。

创新机制，有效提升可视化产业实力

全息可视化媒体传播作为万物实时可视的一种重要表达方式和可视化传播信息的结构，给我国媒体传播终端、媒体传播形态、媒体传播格局的升级、变革和发展创造了无限的可能。全息可视化传播产业的发展壮大是我国建设新一代全息可视化媒体的重要战略目标，也是 5G 智媒时代的表征。目前我国已经形成了一些有影响力的可视化信息服务平台及其传播矩阵，如抖音、快手、今日头条等，这些信息服务平台覆盖广、发展快、影响大，在国际上也有一定的影响力。

5G 的技术发展有效地解决了近年来掣肘可视化产业快速发展的一些关键技术问题。全息可视化传播产业的发展是我国文化产业的一个结构性发展重心，为推动我国文化产业的健康、持续、快速发展提供了强大的动力和创新能源。技术赋能，让可视化产业迎来发展的春天；内容为王，则可避免可视化内容肤浅化、碎片化，打造出丰富的思想内涵和深邃的文化品质，唤起人们对美好生活的追求、对高尚精神品质的赞颂。要实现这样的发展目标，就需要主动顺应 5G 智媒时代的新趋势、新要求，创新各项机制。

（一）高度重视 IP 文化创意的机制

美国漫画公司漫威前创始人兼主画师沃尔特·麦克丹尼尔（Walter McDaniel）曾在采访中表示："真正的 IP 是可以永久存活的。品牌有生命周期，到了一定时间会死亡，但是 IP 不会。"当下，IP 可视化作为一种新兴的模式正逐渐融入文化产业，越来越多的文化企业将其生成的内容精髓融于 IP 之中表现出来。5G 智媒时代，可视化传播产业与 IP 建立了紧密联系。可视化传播产业偏向于情感化消费，要以创意打造 IP，拓展 IP 的文化内涵，让故事可视化，让可视故事化，主要包括三个方面。一是对 IP 的定位。优秀的 IP 创意拥有丰富的文化内涵和情感，可以使受众产生文化和情感上的共鸣，以可视化的故事打动人，以可视化的故事感染人，如漫威公司打造的美国队长、钢铁侠、绿巨人等超级英雄形象既各成体系，有着不同的文化价值取向，又共存于漫威构造的世界里，有着丰富而复杂的故事线。二是 IP 孵化。挖掘潜力 IP，孵化创意独特、内容新颖的优质 IP，就要在产品、服务、场景、渠道、技术等方面进行精细化加工，使 IP 个性化、故事化、情感化，由内而外触动大众心灵。三是可视化 IP 的运营。让优秀的可视化技术进入强大的全媒体矩阵，通过打造技术创新的传播媒介、形式、场景，赋予 IP 全新的技术生命，提升可视化 IP 的产业覆盖面和社会影响力。

（二）推动和构造双向合作与互利的机制

5G 智媒时代，可视化相关产业之间是一个相互依存、协同发展、相互推进的有机统一体，要充分整合利用可视化产业与其他相关产业间的优质信息技术资源，推动产业间双向合作和互利的制度化、规范化机制，达成双赢的发展效果。一是组建一个跨产业的相关技术、人才、服务等的合作与交流平台，推动产业间的分工协作以及社会公共服务、基础配套设施等的协调与联动，建立产业间具有不同功能和发展指向的可视化产业交流合作联盟，开展合作与交流的技术峰会、专题论讨会等系列合作交流活动。二是相关部门应开展互助对口帮扶工作，通过人才支持和培训、资金支持和补偿、产业服务转移等多种手段构建互助对口帮扶体系，推进可视化产业的转型升级发展和产业结构优化。

（三）协同推进文化传播的机制

党的十九大报告指出："推进国际传播能力建设，讲好中国故事，展现真实、立体、全面的中国，提高国家文化软实力。"中国传统文化和历史故事已经基本实现了"中国人自己懂"，目前已进入"让世界人民懂"的阶段。可视化产业的发展不应囿于国门，要有全球性的长远战略眼光。我们的目标是让中国文化的魅力深植于世界人民心中，实现可视化传播产业的全球发展、全球繁荣。一是重视传播优秀的中华文化。作为四大历史文明古国之一，中国有着悠久的历史和深厚的文化，要把富有代表性的优秀传统和文化内涵充分挖掘和展现出来，转化为可视化的内容，使其真正触及每个人的灵魂。二是重视传播的话语权和语境，要准确地阐释中国故事的理念、中国道路的选择，在深入分析不同民族和国家的宗教信仰、风俗习惯、文化背景的基础上，让中国文化和中国故事的独特魅力通过可视化的传播方式，获得更加广泛、清晰、准确的解读、接受和认同。

（四）建立和落实培养高级别可视化人才的机制

习近平总书记在党的十九大政府工作报告中明确指出："人才是实现民族振兴、赢得国际竞争主动的战略资源。"我国的可视化传播产业是5G智媒时代的新型信息技术主导产业，应该时刻着眼于可视化专业人才的引进、培养、服务全生态链条。一是致力于培养、引进和造就一批具有"工匠精神"的人才，为可视化产业的发展提供扎实的理论服务和创新服务。二是积极实施可视化技术人才的孵化工程。

5G智媒时代，全息可视化已经成为传播新信息的常态。应积极推动全媒体文化传播技术标准体系建设，提升我国在文化传播方面的话语权，力争打破"西强东弱"的国际文化传播格局，引领世界文化产业快速发展的新技术浪潮、新发展趋势。

短视频的概念及其特征

"短视频"这一概念是相对于我们传统意义上的"长视频"而言的。李昕怡在《短视频时代，来了》一文中提出：短视频指的是拍摄持续时间在30秒以内的社交网络视频。雷攀在《社交网络进入短视频时代》一文中认为，短视频基于移动智能终端，允许用户利用智能手机或者平板电脑这些移动终端设备拍摄时长极短（一般为8～30秒）的视频。综上所述，短视频的具体定义紧紧围绕着社交网络视频的长短和基于移动智能终端两个基本要素。

短视频，最大的特点就是"短"。此外，它还有其他一些特点。

（一）生产简单化

短视频是以秒为计算单位的，时长比较短。器材方面，一部手机就能满足拍摄、制作以及上传等多种需求，所以相对于传统的视频而言短视频制作更加简单。

（二）传播即时化

5G 技术的迅速发展，为视频拍摄和上传提供了技术上的支持，为各类视频 App 和社交 App“即拍即传”的信息传播助力。

（三）内容碎片化

短视频只有几十秒甚至更短的时间，时长的限制决定了其内容必将以碎片化形式进行传播。在现代生活节奏越来越快、工作压力越来越大的背景下，人们通常利用排队等公交、坐地铁的碎片时间浏览信息，时间上的碎片化使人们更易接收内容碎片化的短视频。

（四）分享社交化

短视频的制作者将短视频上传到各种传播平台，吸引人浏览、分享、转发、评论。如今，短视频涉及人们生产、生活的方方面面，改变了人们的信息交流方式和日常生活状态，改变着传播媒体的结构。各大媒体平台上短视频的转发数、点赞数、评论数体现着其传播的热度，激励着短视频制作者制作更有话题性，更贴近生活，更能吸引受众的视频。热门视频的互相转发成为现在年轻人喜爱的社交方式，对热门视频的评论和交流也成为年轻人社交谈资的重要组成部分。

目前，短视频处于发展的高峰期，其形态根据内容来划分，可以分为资讯类、美食类、化妆类、搞笑类、吐槽恶搞类、舞蹈歌唱类、综合类，等等。根据短视频背后的运营团队来划分，又可以分为“网红”类、新媒体垂直类、平台类。短视频平台根据不同的渠道属性，则可以分为在线视频内容渠道、资讯类视频客户端、社交网络平台、短视频内容渠道、垂直内容类视频渠道和其他小视频内容渠道。

短视频创作者在拥有了内容之后，往往希望迅速产生盈利。目前有三种常见的盈利模式：短视频广告变现、电商变现和短视频打赏变现。相较于传统的文字或者图片，短视频与内容营销的距离更近，更容易通过资讯平台和社交平台转化，将流量快速变现。这对于短视频内容创作者来说是巨大的营销机遇和诱惑。从某种程度上说，能让创作者进入内容营销这一环节的短视频，都可以认为是这个内容营销为王时代的精品。从短视频话题的选择、文案、脚本到剪辑制作、后期美编，再到分发渠道的选择，短视频的传播效果如何提升，热度如何实现，每一个操作步骤都值得我们深入思考。

本书对目前常见的 10 种有代表性的短视频类型（时长从十几秒到 10 分钟不等）进行实例分析，以短视频的内容加工、脚本写作、分发渠道、传播效果等为主要研究对象，为广大短视频创作者和爱好者呈现优秀短视频的成功案例所必备的特质。

第二章 短纪录片类视频

短纪录片类视频是以真实的生活为主要创作素材，以真人真事为其表现对象，并对其内容进行艺术加工与改造，用真实故事引发人们共鸣与思考的新类型电影，或者说新的广播电视艺术表现形式。

国内最早出现的短纪录片类制作团队，是由传统的电视人转型而来的。这些团队拍摄的短纪录片内容丰富、制作精良，成功地开启了短纪录片类视频节目内容的全新商业模式，被各大关注视频领域的产业资本争相追逐。短纪录片在短视频领域获得的巨大关注度，促进了其他类型题材短视频的崛起和蓬勃发展。

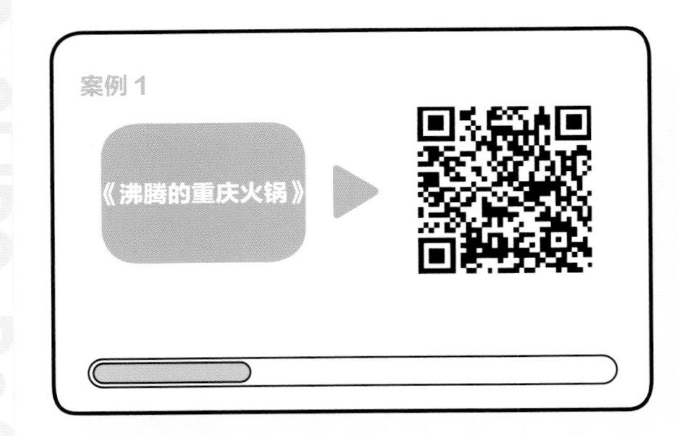

这是一条于2020年农历二月初二“龙抬头”当天拍摄的视频，当时全国各地很多人都在响应“不出门就是对疫情防控最大的贡献”号召，然而为了让社会有效运转，仍然有一些人选择“逆行”，他们可能是医护工作者，也可能是社区工作人员。为了记录这一特殊时期全国上下一心的抗疫精神，由中广联合会纪录片委员会发起，各地电视台纪录片团队响应的纪录片《今日龙抬头》应运而生，这是我们重庆电视台纪录片团队（简称“重庆团队”）交出的片子。

火锅是重庆的“名片”，大街小巷都有火锅店的身影。然而自疫情发生以来，餐饮业几乎都处于歇业的状态，与以往火爆经营的情景不同，2020年年初的街道空落落的，门庭冷落车马稀。

“只要火锅在沸腾，这个城市就充满希望！”为了自救，也为了让重庆人重拾信心，火锅店的外卖业务开展了起来，他们用平凡的举动来保证城市正常运转。重庆团队确定了拍摄主题之后，就开始寻找开展火锅外卖业务的餐饮人代表，最终确定了有留学背景的年轻人小李为拍摄对象。此外，小李经营的火锅店位于有重庆特色的地标——南滨路上，这里有重庆地理标识建筑，有嘉陵江汩汩流过，也有火辣的重庆人和沸腾的重庆火锅。

场景	拍摄内容	人物同期	计划拍摄时间
停车场	脚步、走路、推开店里的门、南滨路大环境交代（航拍）	我是一家火锅店的接班人，我现在要去……南滨路店	7:00左右
店里室内	操作台、灶房、店员忙碌的身影	我们现在在干什么事情，现在时间几点，大家都在做什么	7:00—9:00
	人物的动作和操作环节、接单以及沟通如何送货和打电话确认等	由于……原因，我要参与什么	
	注意捕捉细节	和店员交流相关内容（重庆方言）	
	两个人的眼神和手部特写，用英文或韩文与另外一个身份比较特殊的人交流	她是我老婆，韩国人，去年下半年我们一起从澳大利亚留学回来，结完婚，刚想好好干一番事业，没想到就遇上了这次疫情	
	小李老婆很努力地工作	对小李老婆的采访：和老公共渡难关	
店外空坝子	把已经打包好的物料端到平台的桌子上，走出来	这里原来是就餐区……疫情发生以前，不仅这里客人坐满，就连我们这个区域都站满排队的人。这个店有……年了，我记得我小的时候就来这家店，那时候……	9:00——9:30
	给园林浇水	你看这个树都蔫了，这里是设计的园林，现在没人打理，可惜了。等疫情过后，我们重新打理……	
送外卖	上车、装车、开车、有几辆车同时送货	我现在去送外卖	9:30—11:30
	路上大环境，洪崖洞、来福士等重庆大景	说说心里的感受。以前走在这条路上的感觉和现在的感觉，现在比前两天还要好些，每个人都在通过自己的努力让这个城市正常地运转起来，看到希望	

场景	拍摄内容	人物同期	计划拍摄时间
送外卖	递给顾客	说说看到顾客笑脸的感受，做火锅外卖的初衷。只要是火锅还沸腾，这个城市就有希望，更何况我们每天都看到变化，从大年初三到现在，从订单量上我们明显感受到疫情快过去了，我们的“春天”马上就来了	
	回来的路上	一路上哼着很欢快且充满正能量的歌	
店内	炒料、备货	我们今天的货送完了，不接单了，大家筹备明天的工作，我们要做什么	12:00
大环境	南滨路	说一下以后的规划	夜幕降临

本片采取跟拍的形式，采用第一人称自述的口吻，记录小李一天的工作。疫情期间，火锅外卖既要保证食品的口味，也要保证食品的安全卫生，工作人员要消毒，食品的包装要密封，配送过程中也要保证无接触。

小李每天早上 7 点不到就要到店里，参与炒料、配菜、送货，还要参与管理运营，各种辛苦不言而喻，但他仍然在努力工作着。

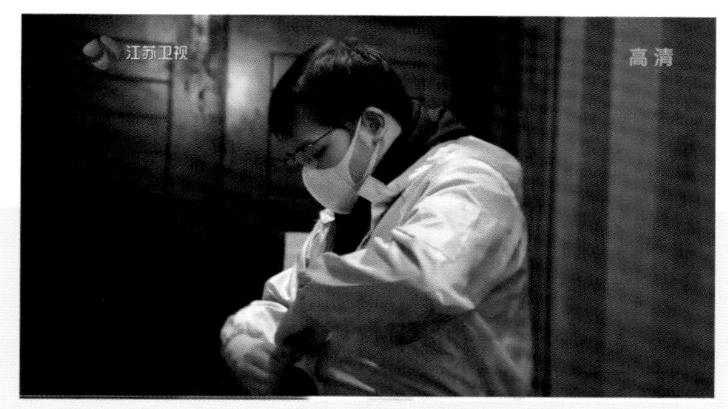

他在用实际行动向员工和身边的人传递信息：疫情虽然可怕，但是每一个生活在这个城市里的平凡人都要尽力做好自己手上的事。

由于店里配送人手不够，小李要自己开车去送外卖，在送外卖的途中，要经过洪崖洞、来福士等“网红打卡地”。曾经人来人往无比热闹的地方，这个时候却空荡荡的，非常的冷清，这使小李的内心产生了非常大的落差感，然而比起前几天来这边送货时看到的景象，今天已经好了很多，他相信之后会越来越好。

二月二，龙抬头。如果龙抬头，看到生活在这个城市的人，如此努力地生活，或许它也会感动，让疫情早点过去，让生活在这座城市的人们都能正常地生活，畅快地呼吸，因为他们如此热爱自己的生活。

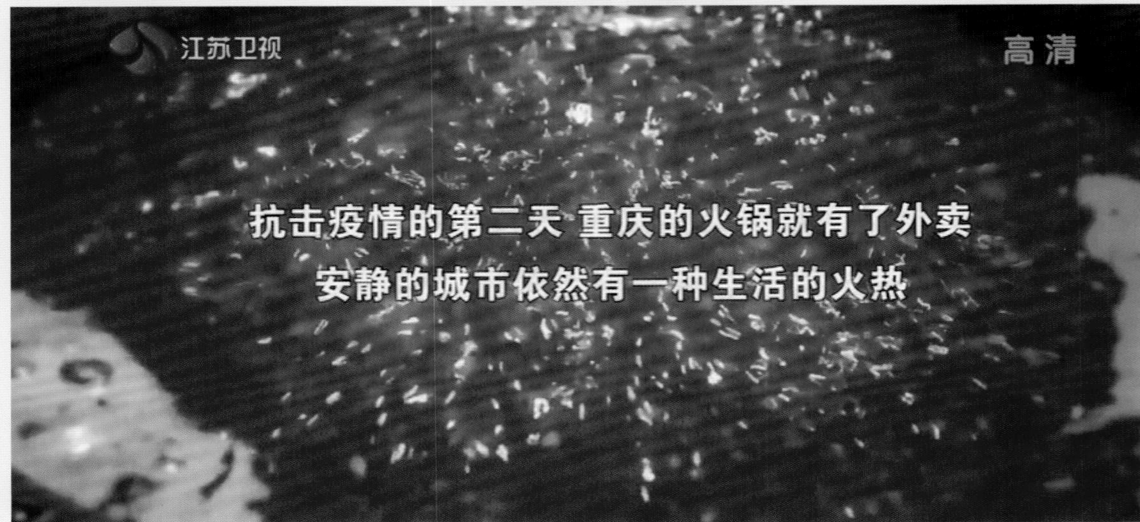

以下为成片文本：

沸腾的重庆火锅　时间：4 分 02 秒 12 帧

说明性字幕：重庆 南滨路 2020.2.24.

口述：我叫李昕宇，我是一个地地道道的重庆人。在疫情这个特殊时期，我在做火锅外卖。

同期：我觉得外卖的时候，葱段葱花切大了，要把它宰（切）得更绒（碎）。因为把葱子宰绒过后，它的味道吃起更香，更有葱味。

说明性字幕：每天早上 7:00，小李和大家一起准备外卖配菜。

同期：今天下午可能有点儿忙，记着你们这些冻货类一定要自然解冻，不要用水冲洗解冻。

口述：半年之前我才从澳大利亚留学回来，那时候还自信满满的，想在自己的事业上施展一番拳脚，闯出自己的天地。可惜在年末的时候，碰上了这次疫情。

口述：店里没有顾客，大家都被隔离在了家里，但我觉得我也应该为这次疫情做些什么，于是我想到了开展火锅外卖，把沸腾的火锅送到我们市民家中去。

说明性字幕：每天的火锅外卖从早上 10:00 开始。

同期：麻烦你下来等一下，因为最近运力比较紧张。

喂，你好，刚才我们在 A 区，B 区是在哪个位置?

说明性字幕：重庆 千厮门大桥 上午 10:30

口述：像原来的话，一到高峰时间，这条路肯定是被堵得不行，不管是桥上走的游客，还是路上开的车都特别的多。疫情一来，热情的重庆人瞬间就成了自律的重庆人了。

说明性字幕：重庆 朝天门 上午 10:30

重庆 洪崖洞　上午 10:30

同期：麻烦回去的时候，把我们这瓶矿泉水加到锅底里头，大火烧开。

你把这一单放在左边，不要把它荡出来了。

我在 A 区门口。

小火煮三分钟再烫菜。

口述：疫情来了，街上好久都没有闻到火锅的香气了。但是作为重庆人，火锅是我们每个星期必不可少的美食。如果能在家里搓顿火锅，我觉得确实不摆了，太巴适了。

口述：在做火锅外卖之后，大家都在摆这一句话，只要火锅不停止沸腾，那么感情就还在。我觉得这个感情，就是重庆人对自己故乡的热爱，因为爱在，这座城市就不会停摆，重庆人也没什么可怕的了。也期待着疫情过后，在春暖花开的时候，有更多的朋友来享受我们的重庆火锅。

说明性字幕：从抗击疫情的第二天起，重庆的火锅从业者们不约而同开始火锅外卖，在安静的城市里保留住了火热的生活气。

说明性字幕：“只要火锅还沸腾着，这个城市就有希望。”

传播效果分析

这个短纪录片作为《今日龙抬头》中收录的 36 个故事之一，在各大卫视播出，收到积极正向反馈，在国家广电总局组织的 2020 年优秀国产纪录片评选中荣获 2020 年第二季度优秀国产纪录片奖。

2021 年 1 月 16 日，2020 年度“感动重庆十大人物”颁奖晚会上来了一位“90 后”，她特殊的身份引起了所有人关注，而她的故事更是感动了很多人，她就是护士焦祖惠。

在 2020 年新冠疫情暴发时，一大批重庆医务人员支援湖北，焦祖惠就是其中之一。为什么焦祖慧能够感动重庆？短小精悍的纪录片带您了解和走近焦祖慧。

战“疫”青春

——“感动重庆十大人物”获得者

焦祖惠的抗疫故事

【配音】2021 年 4 月 8 号，是武汉重启一周年的日子，这一刻，让许多人的思绪一下子回到 2020 年。

【配音】2020 年初，根据国家卫生健康委统一安排，重庆市卫生健康委员会先后派出多批医疗队奔赴湖北武汉、孝感等地，执行医疗救治任务，作为重庆护理大军中的一员，焦祖惠毫不犹豫地报了名。

采访焦祖惠：听到医院要组建（援鄂）医疗队，我相当于（在）直接把我们护理部主任堵在院感科门口的时候，就坚定信心了就是想要去（支援）。

【配音】主动请缨出征湖北孝感，暗藏着焦祖惠另一种情愫。2008 年汶川地震，焦祖惠正在距离汶川一百多公里的四川理县上初中。

采访焦祖惠：因为我们是在那个山区，然后四周就有山，然后山上就不断地一直在垮，当时本来是一个大晴天，就不到一分钟左右，就突然开始全是烟雾，看不见太阳了。

【配音】当恐惧、害怕侵蚀着这个 15 岁藏族小女孩的时候，一抹白色给她带去了希望。

采访焦祖惠：就听到一个学校好像就塌了嘛，然后有个学生他被困在里面，有一个护士给他输了液，因为旁边没有那个输液架，然后她就手拿着那个液体，就站在他旁边，然后给他鼓励。

【配音】白衣天使的出现给了焦祖惠温暖，也给了她人生目标。

采访焦祖惠：就脑子里面突然就蹦出了一个想法，然后我就给我妈讲，我说以后我也要去当一个护士，然后去帮助更多的人吧。

【配音】念念不忘，必有回响。时隔 12 年，焦祖惠成了一名护士，也兑现了自己的诺言。

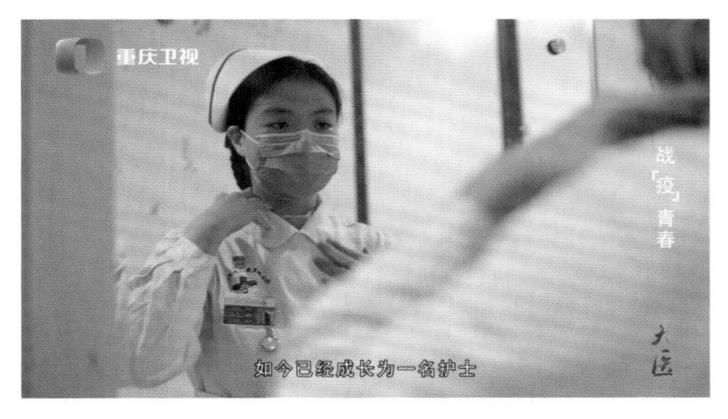

采访焦祖惠：当年我是被人家帮助的对象，然后现在就是我自己长大了，就可以尽一份自己的力量，去帮助别人吧，然后就怀着这样的一个心情，当时也是这样去的。

【配音】2008 年，你们保护我们，现在我来保护你们，曾经脆弱无助的藏族小女孩，如今已经成长为一名护士，在经过一系列的防护培训后，焦祖惠顺利地进入了隔离病房。与此同时，和她一同进入的，还有大批“90 后”护理人员。

现场音：老师，我来给你房间里面消个毒。抢救药品和物品的一个储备，保证它的设备的一个完好性。

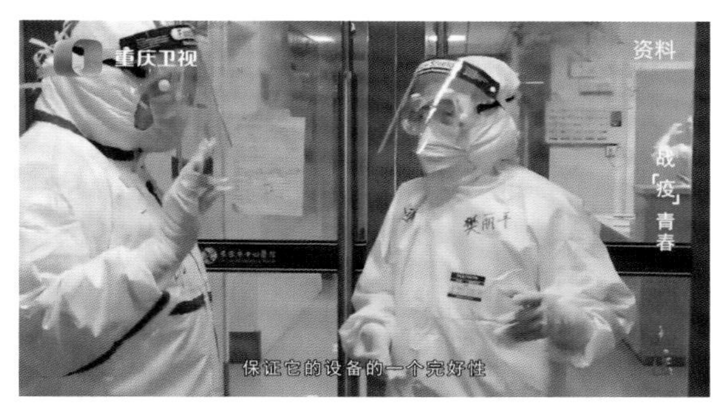

采访焦祖惠：我们在进舱之前，要穿自己的那个贴身的衣服，然后还要再穿一个，那个隔离的衣服，隔离衣穿了过后，然后再穿那个防护服。

采访陈星宇（援鄂医疗队队员）：挺难受的，我第一天戴了那个防护眼镜和面屏，回去之后我的头上就起了一个包，鸽子蛋大小吧，因为勒得太紧了。

采访焦祖惠：你刚开始戴的时候，可能就感觉不到，但是时间久了过后，你就会觉得这个鼻梁这里，就特别特别地痛，因为它长时间这样压着，就感觉把你的眼睛还要这样撑开。

采访陈星宇（援鄂医疗队队员）：前两三天我都要吃止痛药的，有时候还会吃帮助睡眠的药，但后来都克服了。

采访罗凤（援鄂医疗队队员）：那个防护眼镜勒得太痛了，可能 5 分钟已经不能忍受了，然后那个病区太大，走 10 分钟已经很喘气了，走不了，就扶着旁边的栏杆在那里喘气，但是病人还有很多啊，我们要走完病房，你要熟悉整个环境，就一直要走，每走 10 分钟喘一阵，然后再走。

【配音】一层层的束缚，虽然疲惫不堪，却真的毫无怨言。

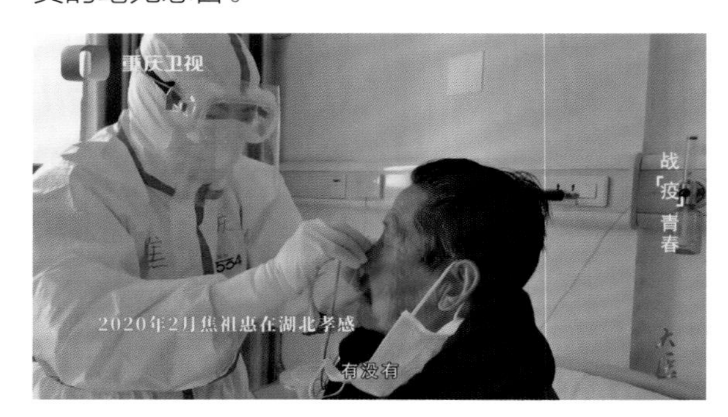

采访陈星宇（援鄂医疗队队员）：还有一个是白血病的病人，他夜间也是要输液的，然后一级护理的话是每一小时巡视，看他的状态，但是我的搭档她们会不放心，每半个小时就会去看他一次。一开始我还嫌她们这一小时，为什么半小时要去一次，后来想着万一（有问题），规定是死的，可是人是活的，就应该这样去多观察他，多看他有没有病情变化之类的。

采访胡忠（第十三批援鄂医疗队组长）：对这批孩子，我从开始我觉得我心里面还不是很放心，还是有很多的疑虑和担忧，那么去了以后，他们无论是在工作、生活和组织纪律，包括业务技术方面，应该说表现了非常高的素质。

【配音】作为出征孝感的第十三批援鄂医疗队，本次医疗队的 241 人，由 9 个区县的 18 家医院的医护人员组成，累计收治病例 216 例，做到了零加重、零死亡、零感染、零回头。

采访焦祖惠：还有一个阿姨让我印象深刻，就是当时我们给她输液过后，她就一直给我说谢谢，谢谢，她的那个眼睛里面就含着泪水，就像我们当时在地震的时候一样，就是看到人家来帮我们，就感觉心里觉得有希望了。病人一个劲地给我们说谢谢的时候，就觉得自己做这个事情就很值得，很有意义。

【配音】感恩之心就是学医初心，在国家需要的关头，焦祖惠及时地站了出来，这个决定，对于一个“90 后”小女孩来说，要克服的不仅是工作上的困难，更要克制住对家人的思念。

个月的最后一天，来这边已经八天了，突然好想家，想爸爸妈妈，想朋友，不知道为什么就有这样的想法，这次来湖北支援，都是临近出发才告知父母的，本以为爸爸妈妈会说我两句，毕竟这么大一件事都没跟他们说一下，没想到父亲很支持我，我到现在都还记得他跟我说的话，一方有难，八方支援，既然你选择了这个行业，那你就加油，再没说过一句关心我的话，但是跟他视频的时候，却看见了他眼角的泪，连忙答应了

毕竟这么大的一件事情

采访焦祖惠：来这边已经八天了，突然好想家，想爸爸妈妈，想朋友。这一次去湖北支援，都是临近出发才告知我父母的，毕竟这么大一件事情都没跟他们说一下，但是我爸很支持我。我到现在都还记得他给我说的话，一方有难，八方支援，既然你选择了这个行业，那你就加油，再没说过一句关心我的话。但是跟他视频的时候，却看见了他眼角的泪，他是一个很木讷的人，我就假装没有看到，连忙答应了他。父亲总是不善言辞，却用实际行动来关心我，我们之间的对话都很少很少，我没有给过他一个拥抱，等疫情结束了，等我回家，我一定一定要拥抱他。爸爸妈妈，我爱你们。

视频资料：援鄂期间焦祖惠妈妈对他们的祝福语——自己要保护自己的身体阿惠，还有你的

同事身体好，你的身体好，大家加油，要防护好自己，身体要健康。

现场音：我擦一下，等一下，你感觉一下眼睛里面有没有气，有没有，有点，有点哈，来。

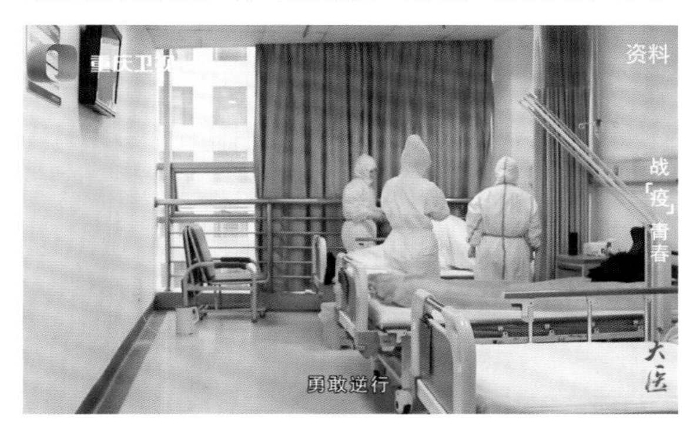

【配音】怀抱感恩、不负韶华、勇敢逆行，以焦祖惠为代表的“90后”，用实际行动向国家、人民证明了，“90后”医务工作者，是有理想、有本领、有担当的。2021年1月16号，“90后”藏族姑娘焦祖惠，获得2020年“感动重庆十大人物”称号。

该视频采用纪录片的形式，通过精良的拍摄制作，以多人访谈和视频素材相结合的形式，将抗疫故事生动地展现了出来，整个框架脉络清晰，新闻性和纪录性在片子中表现得淋漓尽致，以第三人称叙述者的语言形态表现，可以节省不必要的画面，更可以丰富、引申画面语言，增强表现力。

传播效果分析

该视频通过采访多名援鄂队员还原了疫情期间真实的医护故事，突出展现了“90后”医务工作者的坚强勇敢和不畏艰辛、救死扶伤的医者品质。视频制作完成后在重庆卫视的《中国故事》栏目中播出。纪录片的拍摄方式还原了多个感人场景，声情并茂的讲述方式增强了代入感，节目播出后引发强烈反响。既展示了重庆支援湖北医护人员的风范，也弘扬了医者仁心的感人精神。

二更公司出品的短视频《长板小柒》在“金熊猫”国际纪录片节上斩获大奖，吸引了不少观众和媒体人的关注。这部短视频以其巨大的媒体传播效果和较高的艺术水准，成为业界学习的典范。

这部短视频讲述了成都的一位“90 后”女大学生在爱上长板这项体育运动后，生活观念发生的改变。选题贴近生活，每个人都可以在主人公的价值观中找到共鸣。而开始长板运动后，主人公生活的变化，也让观众感受到了其思想的改变，看似简单的主题，实则承载了时间的力量。

在画面剪辑和后期制作等方面，该视频也处理得恰到好处。影片先声夺人，主人公在踩着一块长板滑行的运动状态下灵动出场。“长板最吸引我的地方，就是能做帅气的动作，能有速度感，全身投入在风里，挺自由的一个感觉”，这样的独白让我们快速了解了这项体育运动，也感受到了小柒这个年轻人的形象特点——年轻、有活力，追求新鲜和刺激。

随着场景的转换、画面的更迭、景别的改变，开场不到三分钟，观众已经沉浸在小柒的世界中。其场景的设计丰富而有看点，值得短视频设计者们推敲学习。

场景	人物	画面内容	采访内容
街道	小柒	街景、滑长板	长板在地上滑行的同期声
第一次买长板的店	小柒	放置长板的货架及组装工具	小柒对长板的初印象
宿舍	小柒	小柒的平面设计作品、小柒弹奏乐器	小柒的其他爱好
户外	小柒和队友	和队友运动、炫技	在长板运动中遇到的困难及无法放弃这项运动的理由

短纪录片一般采用的剪辑方式都是同期声加画面，很少使用解说词。这样做一方面是为了还原人物本真的状态，贴近生活的本质，使观众从人物的语言状态中感受到更加立体和感性的人物特征；另一方面是为了满足短纪录片快速传播的属性要求。《长板小柒》也不例外，在人物采访中，最有感情色彩、最能体现人物对事情看法的同期声都适时地被导演提取出来，使人物显得特别鲜活。

开篇精彩，结尾也令人印象深刻。随着音乐响起，导演通过多组景别画面的组合，剪辑出长板运动的炫酷感，展现出这项运动让小柒痴狂热爱的理由。这组镜头采用航拍、高速摄影等拍摄方式，虽然是短纪录片，但在影像设计上未打折扣，整组拍摄画面剪辑出来的效果

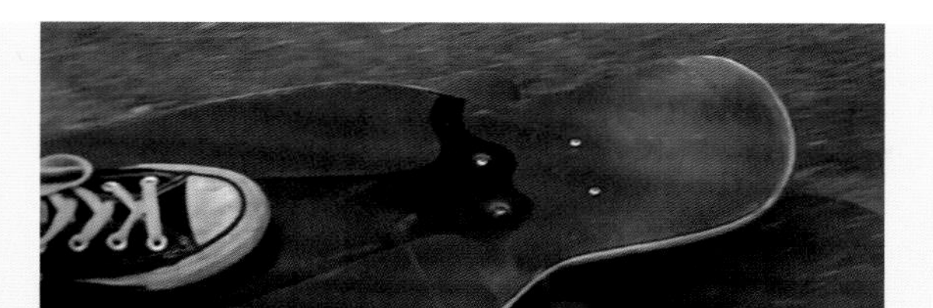

非常高级。“最后到后面你会发现，你一个人在滑，没人陪你滑，这是真的。”通过人物的内心独白，设计者要表达的孤独感呼之欲出，冲突背后的人性也展现出来。“有规律的生活，你快乐么？我玩长板很快乐，这是很重要的东西。”人物将爱好升华后所表达的态度，代表了部分“90后”群体的人生观，令人深思。

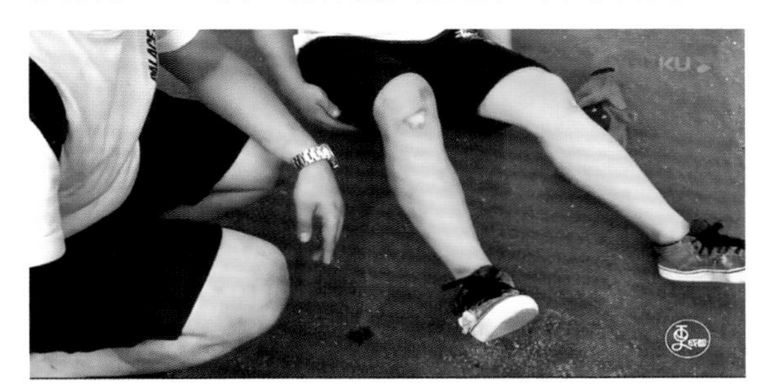

传播路径和传播效果

《长板小柒》这部短纪录片在剧本设计和画面表达方面非常流畅、自然，不仅在当年的电影节上斩获奖项，也是短纪录片设计领域教科书似的范本。这部视频一经推出，在微信、微博、今日头条、美拍、秒拍等多平台传播扩散，阅读、转发、评论无数，取得了显著的社会效益。

流钏枫

8分

精！

很羡慕这种能找到自己喜欢的运动并能付诸行动的年轻人啊，哪怕吃再多的苦，内心都是甜的。长板这种运动其实是很危险的，总之就是跌跌撞撞，磕磕碰碰是避免不了的，但是熟练之后，那种速度与激情所带来的刺激的感觉让人觉得一切都是值得的。

Zoe

8分

坚持下去！

年轻的时候不疯狂，到老了就美机会疯狂了！只要自己快乐就好，这些快乐都是付出自己才知道的努力和代价！所以做好自己足矣

08-08 回复

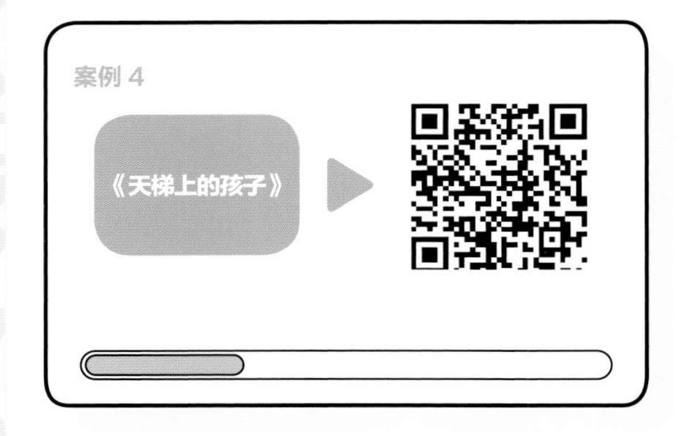

纪录片的灵魂是真实，短纪录片同样遵循这一原则。2016 年，二更公司出品的短纪录片《天梯上的孩子》，正是因为设计者真实的刻画，赢得了观众大量的好评。影片通过支教老师的独特视角，讲述了四川凉山彝族自治州的孩子攀爬天梯上学的真实故事。

场景	画面内容	同期	采访内容
棚内	记者单景		拍这部视频的原因
路上	从学校到山脚一路上的路况、天梯的外观	现场音	记者一路上的见闻和心情
	航拍 大全景		
突发情况	队长摔倒了	现场音	村医讲述平时送医急救的情况
再次上路	孩子攀爬的动作、脸部特写、边爬边唱的精神状态	现场音	孩子们、家长们如何看待上学这条路，讲述他们与天梯的故事
下山	下山的动作		记者的感受
学校里	上课、操场玩耍、课间操	现场音	
宿舍里	孩子们嬉闹的特写	抒情音乐	
家里	看电视、唱歌		记者的感受
字幕	对生活的感悟		

这部短纪录片最大的特点就是真实，设计者将大山深处的艰苦环境、孩子们的生活现状以及求学的心路历程，通过朴实的镜头语言进行了展现。求学的孩子、护送孩子的家长和老师，所有人都在恶劣的环境中逆风而行，在天梯上惊心动魄地爬上爬下，给予观者强大的视觉冲击。

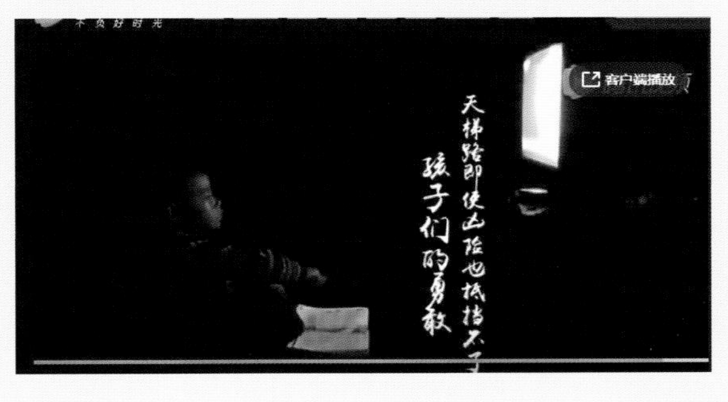

传播路径和传播效果

《天梯上的孩子》一经推出就感动了成千上万的人，获得了4000多万的网络播放量。视频的公益价值更是超出了设计者的预期：令所有人欣慰的是，因为短视频的扩散和关注，不到半年时间，孩子们终于不用再攀爬藤梯了，他们可以通过新修的铁梯和水泥路走向更具可能性的未来，这是影像的力量，也是设计的力量、真实的力量。

点评（18）　　最新 | 最热

 大漠残阳　　8

当时看到央视的报道后我跟我的同事一起去了学校，去了村里，并帮他们把村里的核桃卖出去了，现在回村里的路已经变成了钢梯，而且也在修上山的索道了。

2017-11-05　　回复

★★★★★ 10分

力度表达点到即止，并没有刻意强调，一切都刚刚好，给导演满赞

06-23　　回复

 草莓味的风　　

★★★★ 8分

所以缩小贫富差距的前提是先给他们制造一个好的环境。平淡的记录，却有着感动心灵的力量。如果他们以后长大了，突然知道这个天梯其实是他们走出这个村庄的阻碍，他们还会不会像现在这样无忧无虑，还会不会露出和现在一样的温暖人心的笑容？

评两句

这部短视频通过纪实的手法和情景再现的形式，向观众传递了一种无畏、乐观和向命运叫板的不屈精神。这也激励了生活在这片土地上的每一个我们，大家都在努力，都在坚持。如此，该片才形成了巨大的话题效应，被各路自媒体纷纷转发，这背后的根本原因，就是影片传达出来的观念为主流社会所接纳。

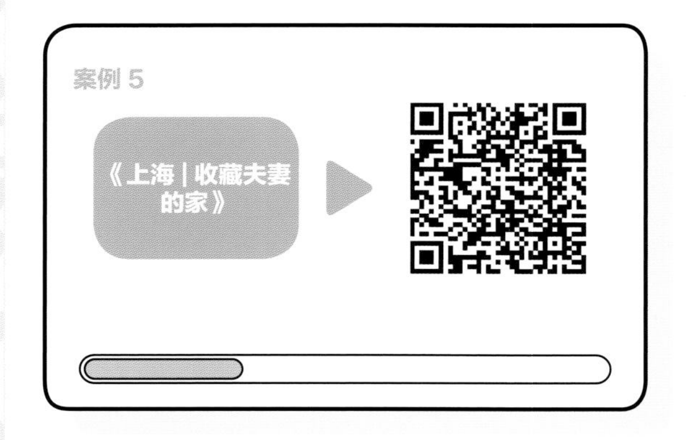

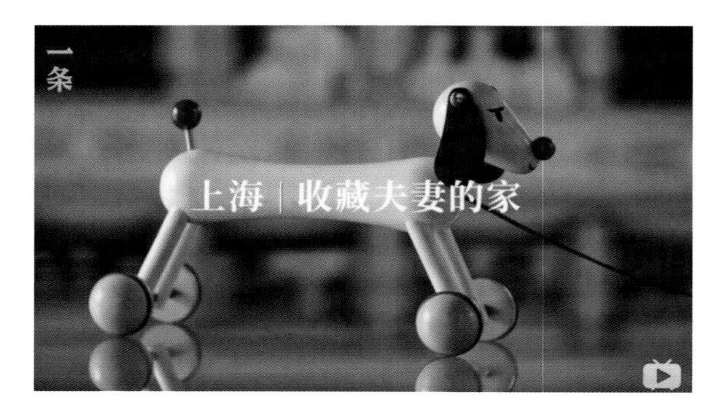

这是一条具有“一条”特色的短纪录片，真实地记录了一个“家”的设计。视频设计者是从传统媒体转行的“一条”合伙人，他带着源自传统媒体的高水准审美，打造杂志化的高品质生活类短视频，在定位、类别和叙事层面上都富有特色。

视频开端，一段很有腔调的爵士乐先声夺人，画面配合黑胶唱片和传真机等有年代感的物件烘托气氛，开篇就给人一种高雅的、艺术的享受。

这是一位室内设计师的家，装修设计中亮点频现，也处处透露着与众不同。视频的拍摄非常精致，镜头的转换也特别讲究。鉴于室内光线很难分布均匀，因此，暖色调的背景灯具也是这次拍摄中必不可少的辅助器械，通过光影的变化来呈现更丰富的质感。

微距镜头的运用，也是本片视觉表达的一大特色。这对夫妻的家里堆满了他们旅游时购买的各种收藏品，有日本奈良美智的限量版白犬音响、KAWS 的限量版公仔、俄国著名建筑艺术家马列维特的限量版人物雕像、包豪斯的石膏建筑模型、法国建筑设计师 Philippe Starck 设计的榨汁机等趣味藏品。设计者通过微距拍摄的特写镜头将全景和周围环境区隔开来，拥有其他景别无法体现的情绪表现力。全景镜头能够全面阐释人物与周围环境之间的密切关系，特写镜头可以在一定程度上表现每个人物的内心活动。同时在背景音乐的使用上富有变化，时而轻松活泼，时而舒缓放松，时而余韵悠长，将观众的情绪完全带入设计者想要表现的情感表达中。

看到这里，相信每一位观众都会眼前一亮："哇！这就是我想要的生活！"与此同时，主人公也表达了自己对收藏的看法。"对我来说，生活就是要花最大的精力来追求自己喜欢的东西，即使是丧志了，这也是我想要追求的一种人生。"由此推翻了人们对博士的刻板印象——为什么博士一定要戴眼镜、长得像一个学者呢？主人公就是想要打破这种传统思维——如果人们判定这叫玩物丧志，那"我觉得人生就是要玩物丧志！"口号烘托主题，即使是学霸也有自己追求的生活方式。视频肯定了这种对生活专注、热爱的态度，其中呈现的生活状态令都市白领们关注、崇拜和向往。

短短 3 分钟的纪录片，让观众感受到了忙碌的都市生活中，不一样的生活态度和一种尊重生活本质的表达方式。这种方式足以打动观众，即使观众不会像主人公那样去生活，但该视频可以引发观众思考如何最大限度贴近自己向往的生活。

传播效果分析

作为短视频的内容分发和生产者，“一条”积累了上千万的用户，在视频传播的过程中收获了巨大的流量。同时，因为在视频中介绍的产品和生活方式受到了用户的认可，大量用户自发询问和购买平台介绍的产品。基于此，2016 年 5 月电商短视频平台“一条生活馆”正式问世，主打的正是短视频中经常出现的设计师产品，也包含一些体现生活美学的日用品及食品。2018 年 9 月，“一条生活馆”实体店在上海正式落地，变现途径更加成熟。

一条发展

01 2014.09.08 上线
中国移动互联网现象级产品上线15天粉丝破100万

02 2014.11 获得A轮
融资数百万美元

03 2015.11 微信粉丝1000万
第一大微信视频精准平台

04 2015.12.18 日播频道《美食台》成立
上线44天，粉丝破100万，3个月成为微信美食类第一大号

05 2016.02 B轮
估值1亿美金

06 2016.05 电商平台上线
一条生活馆上线半个多月，月销售额破1000万，两个多月累积数十万买家

07 2017.09 C轮
估值3.5亿美金

08 2018.01 C+轮
估值5亿美金

09 2018.09.22
一条实体店上海开幕

在传播方式上，“一条”的内容主要通过微信公众号进行推送，同时通过一切可以快速“吸粉”的视频网站进行推广和传播。因其制作精良，产生了大量的传播“自来水”，实现了传播的裂变。几乎每条视频的日均播放量都可以突破10万次，传播效果非常优秀。

一条介绍

一条，是优质生活媒体，也是生活美学电商。

我们诞生于2014年，目前拥有超过3500万的线上订阅用户，已获得包括挚信资本、SIG海纳亚洲、华人文化等在内的多轮投资。

我们的自媒体“一条”、“美食台”，每天通过微信、微博，向用户推送优质的原创视频内容，报道最美的设计、图书、建筑、民宿、艺术……已采访过全球超过1000位顶尖设计师、建筑师、艺术家、作家、匠人、美食家、生活家。

我们的生活美学电商：“一条生活馆”，每天为数千万用户提供在线购物服务，精选来自全球的100000件生活良品、2500个优质品牌，家居、家电、服饰、美妆、美食、图书、文创、健康……坚持严格挑选、亲身试用。

2018年9月22日，一条实体店在上海开幕。在这个生活良品集合店里，你可以在大屏幕上观看到数千条精美的原创视频，你可以亲身体验数千件生活良品，还可以参加定期举办的文化沙龙、讲座，现场与文化名人、艺术大师进行交流。

日用之美，尽在此间。

《愿》是由重庆电视台科教频道在疫情期间倾力打造的“抗疫”主题原创 MV，歌唱者和演出者都是一线医务工作者。在疫情严重的时期，短视频内容创作者的焦虑在于：刷视频的多了，但视频少了。因为受疫情影响，用户对于内容消费的需求暴涨，但是短视频团队外拍受限，所以制作完成的视频少了。

这则短视频是由重庆市卫健委牵头、医务工作者倾情演唱，并结合实景拍摄出的抗击疫情主题 MV。这是众多短视频中具有代表性的作品，用音乐来抒发情感，用歌词来传递勇气，形式创新。

春节，本应是阖家团圆的好日子，却不幸遭遇疫情。举国上下无数医务工作者选择在这个时刻“舍小家为大家”，勇敢奔赴武汉。电视里、手机上致谢医护工作者的视频频繁涌现。

主流媒体的风向标偏向致敬一线医务工作

人员，而这则短视频是从医务工作者的角度出发，用音乐表达他们的无私与勇敢：唯愿岁月静好，愿为你负重前行，愿点燃你无恙年华，愿天地绽放幸福安康，愿是你身边的暖阳。

这则短视频在创作初期先是制定了一个思路，即从医务工作者的角度表达其面对疫情时的想法和行动。随后，著名作词人梁芒和冉茂盛开始填词。冉茂盛作为重庆市卫健委的工作人员，可以更直观地了解医护工作者的工作环境，因此，由他填写的歌词情感更加丰富、真切。著名作词人梁芒在填词方面有着丰富的经验，他曾写过很多脍炙人口的传唱歌曲。一个注重情感，一个注重技巧，让这则短视频在内容上有了保障。

随后又开始作曲，录制歌曲。当时摆在大家面前的有两个选择：一是传统的歌手在录音棚完成录制，二是录音棚录制歌曲 + 外景实拍演绎。考虑到疫情，外拍受到限制，但如果不采取外拍，画面感就不够丰富。另外，参演的人员都是医生护士，没有经过专业的训练，如果采取录音棚录制的方式，实景感会更弱，可能会缺乏真实的感染力。于是，团队经过多方面的考虑，毅然决定克服重重困难进行外景拍摄。

为了保证所有参演人员及工作人员的安全，制作团队需要在尽量短的时间内一次性完成拍摄。顺利的拍摄离不开前期缜密的计划，从脚本到道具以及场景，都要先进行策划和踩点，避免在拍摄的时候拖延时间。

纵观整部短视频，外景拍摄的画面主要集中在以下几个场景。

场景一：重庆空旷的街道——选取了几个有重庆特色的街道和地标性建筑。

场景二：主唱人员各自的工作岗位。

场景三：收治“新冠”病人的医院。

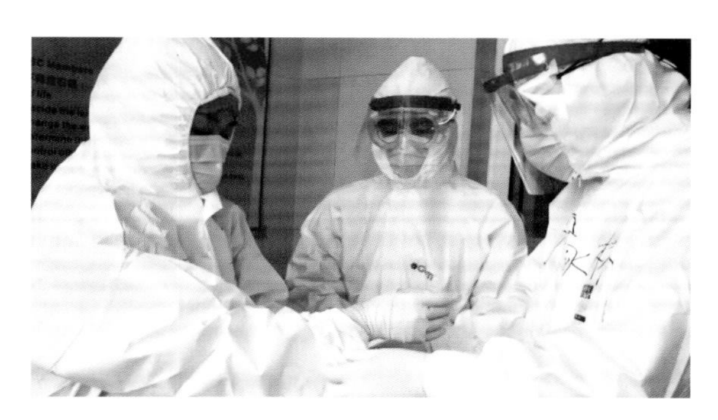

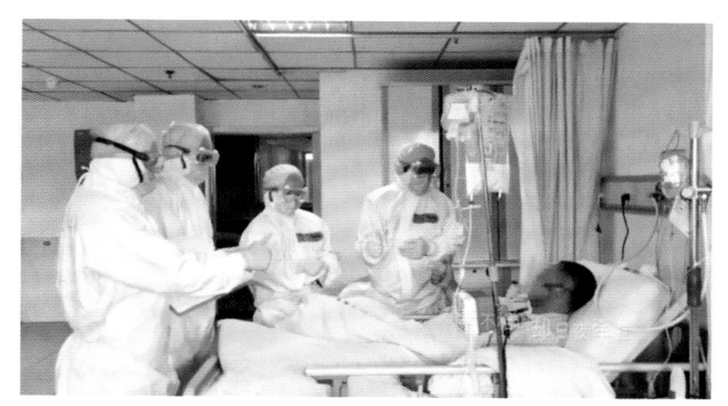

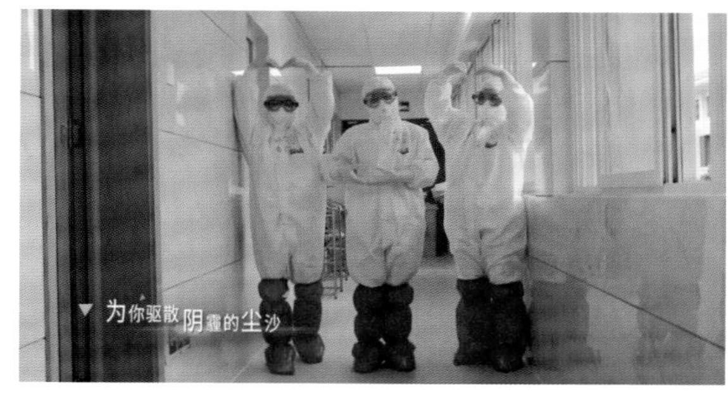

场景四：医院。捕捉了一些医生与周边人(如病人家属)交流的画面。

场景五：相关资料镜头，包括援鄂医生奔赴湖北前与同事、亲人告别的场景，国家对疫情进行防控的相关报道资料，主动请缨出战的护士的笑容，以及对疫情过后美好生活的向往（孩子欢笑奔跑的画面、火锅沸腾的画面，等等），这些也都是歌词的内容。

内容先行，再有创意，录制歌曲，敲定制作形式，加上后期配合相应的画面，一个好的短视频就由此诞生了。

MV 画面的选择是有一定规律可循的，主要的镜头一定是围绕人物故事展开的。在这首 MV 中，人物很多，场景很多，但都有其存在的意义。比如医生同家人的互动，与患者的交流，对同事的鼓励；再如，他们的工作环境都发生了哪些变化？他们的眼神似乎比以往更加坚定？他们的脚步是否比从前更加匆忙？这些其实都是为丰富人物角色而特别设计的细节。

当然，外部的环境也必不可少。医院的外景、街道的外景，用航拍的方式展现的画面都是为了突出环境的变化，最终是为内容服务的。

传播效果分析

案例 6 这个 MV 通过澎湃新闻、华龙网、新华网等国内主流新闻媒体进行传播，同时也在重庆市卫健委和科教频道等企业公众号上进行推广，影响力突破千万人次。

抗疫MV《愿》_网易订阅
2020年3月14日 - 原标题:抗疫MV《愿》 【免责声明】上游新闻客户端未标有"来源:上游新闻-重庆晨报"或"上游新闻LOGO、水印的文字、图片、音频视频等稿件...
mp.163.com/v2/article/detail/F7N3JS7S053469M... - 快照

抗疫MV《愿》-时政-江津网
2020年3月15日 - 重庆市卫生健康委员会倾力打造抗疫主题原创MV《愿》,由医生护士演唱,用音乐传递医务工作者心声。 愿为你负重前行 愿点燃你无恙年华 愿天地...
www.cqjjnet.com/html/2020-03/15/content_50856... - 快照

抗疫MV《愿》_国内要闻_城乡统筹发展网
2020年3月14日 - 抗疫MV《愿》 2020-03-14 15:25:41 来源:重庆市卫生健康委员会 关于我们|网站声明| 意见反馈 Copyright2011-2017 All Rights Reserved农家科...
www.zgcxtc.cn/news/208453.html - 快照

抗疫MV《愿》-- 视频频道-- 华龙网
2020年3月14日 - 抗疫MV《愿》 来源:重庆市卫生健康委员会发布时间: 2020-03-14 简介: 愿为你负重前行 愿点燃你无恙年华 愿天地绽放幸福安康 愿是你身边的太...
v.cqnews.net/first/2020-03/14/content... - 快照 - 华龙网视频

重庆白衣天使倾情演唱抗疫主题原创MV《愿》,用音乐传递心声
这个春天记忆深刻疫情无情人间大爱他们主动请缨逆风而行投入没有硝烟的战场只为我们生命安全身体健康重庆市卫生健康委员会倾力打造抗疫主题原创MV《愿》由医生护士...
xw.qq.com/cmsid/20200315A0IHCL00 - 快照 - 腾讯网

重庆经济广播

2244 文章　304万 总阅读

查看TA的文章>

重庆白衣天使倾情演唱抗疫主题原创MV《愿》，用音乐传递心声

2020-03-16 17:51

0

原创MV《愿》，为你负重前行

2020-03-24 18:53:16　浏览量：1505597
来源：新华社

社会　查看详情 >

短视频，用很短的时间讲述一个相对完整的故事，或给人启迪，或引人思考，或阐述新闻事实，或评论分析。短视频的特点，首先在于时长和传播平台，因为播出平台是移动客户端，所以短视频的时长控制在 5 分钟以内是比较合适的，抖音平台的有些短视频长度仅仅只有 15 秒。在传播平台方面，除了西瓜、看点、抖音、快手、梨视频、美拍、火山等网络平台，传统媒体如今也在尝试用自己的平台以短时间来传递完整的故事。

以前电视台做的纪录片一般都是连续的，一集四五十分钟，但是互联网的发展和短视频的兴起，以及社交媒体时代信息的碎片式传播、5G 时代的到来等，给传统媒体带来了压力，部分传统媒体顺势而为，巧借平台，扩大传播影响力。以抖音、快手等为代表的商业短视频平台如今正成为互联网上的流量大户，而传统媒体在丰富自建平台的内容之外，也开始巧借商业短视频平台扩大其传播范围和影响力。传统媒体借助短视频平台导流的同时，也在积极开拓创新，制作更优质、更丰富的内容。

《爱的温度》是重庆卫视在 2020 年新冠疫情期间推出的纪录片《大医》系列中的一集，每集时长为 10 分钟。虽然是短视频，但是我们仍然可以从其选题策划、拍摄脚本中看到创作团队的严谨以及对视频质量的高要求。

《大医》抗击新冠疫情 特别策划

选题申报单

片名	《爱的温度》	片长	10 分钟	报题时间	2020.2.23
影片主题	从怀疑到理解，从绝望到振作，这是重庆市公共卫生医疗救治中心负压病房里，大多数重症及危重症新冠肺炎患者的心路历程。人与人之间，没有绝对的距离感，朝夕相处，感同身受，有爱便能拉近距离，传递温暖。负压病房里的 6 位新冠肺炎患者，不仅身体上处于危机状态，精神上也承受着巨大的压力，主任袁国丹、护士长樊安芝用自己的方法，让病人积极配合治疗，重拾生的信心。在这场疫情之下，医患关系、护患关系，正悄然地发生着变化……				

<table>
<tr><td>片名</td><td>《爱的温度》</td><td>片长</td><td>10分钟</td><td>报题时间</td><td>2020.2.23</td></tr>
<tr><td>故事亮点</td><td colspan="5">1. 探讨如今为人们所关注的医患关系。
2. 明确的故事线：患者进入医院时恐慌，医生给予患者关爱和信心，患者积极乐观，健康出院。
3. 在大的社会环境下，在苦难面前，全国人民、社会各界以及重庆市卫生健康委员会都在积极作为，帮助患者，所有人都在给予社会力所能及的帮助。最后，这些接受关爱的人回馈社会，将这份爱传递下去。善意、大爱终将战胜病魔，战胜苦难。</td></tr>
<tr><td>地点人物</td><td colspan="5">拍摄地点：重庆市公共卫生医疗救治中心
主要人物：新冠肺炎负压病房（重症ICU）主任袁国丹
新冠肺炎负压病房（重症ICU）护士长樊安芝
负压病房重症新冠肺炎患者14床王阿姨
新冠肺炎轻症三病区患者罗贵全</td></tr>
</table>

<table>
<tr><td>片名</td><td>《爱的温度》</td><td>片长</td><td>10分钟</td><td>报题时间</td><td>2020.2.23</td></tr>
<tr><td rowspan="4">故事点</td><td>开篇</td><td colspan="4"></td></tr>
<tr><td>故事点1</td><td colspan="4">医务人员查房，探望重症患者。</td></tr>
<tr><td>故事点2</td><td colspan="4">细致入微地照顾起居，不辞辛劳地帮助康复。医务人员的温暖逐渐融化了王阿姨内心的坚冰。</td></tr>
<tr><td>故事点3</td><td colspan="4">医务人员进入罗爷爷病房庆祝罗爷爷生日。
【解说】隔着山，隔着水，却从未隔断爱。封了城，封了路，却封闭不了人心。在这场疫情之下，医务人员用行动践行誓言，用生命守护生命，用爱驱散阴霾。</td></tr>
</table>

从选题申报单上，我们可以看出，在拍摄前期，拍摄者对故事亮点和影片主题都是有规划的。透过3个故事，我们可以看到不同的人物有不同的性格特征，这样塑造的人物形象才更加立体和饱满；同时，对于与主要人物相关的角色采访都是经过精心设计和规划的：在什么时候出现采访，采访内容是什么，如何从其他被采访对象中挖掘更深层次的内容，等等。

选题申报单可以让拍摄者、后期编辑等在执行任务的过程中目标更明确。它更像是一个美好的愿景，透过选题申报单，可以想象出未来成片的样子。当然，这种选题申报单也是建立在与受访者精心沟通的基础上的。

为了实现愿景，内容制造者的每一步操作都应紧紧围绕最初的设想来执行，而执行的过程中有可能遇到和设想内容不一致的地方。这就要求拍摄者及时做出调整，这会考验导演的临场应变能力。接下来我们就来看一下实际拍摄脚本和选题策划之间的差别。

爱的温度

——重庆市公共卫生医疗救治中心

【画面】重症患者做 CT 检查

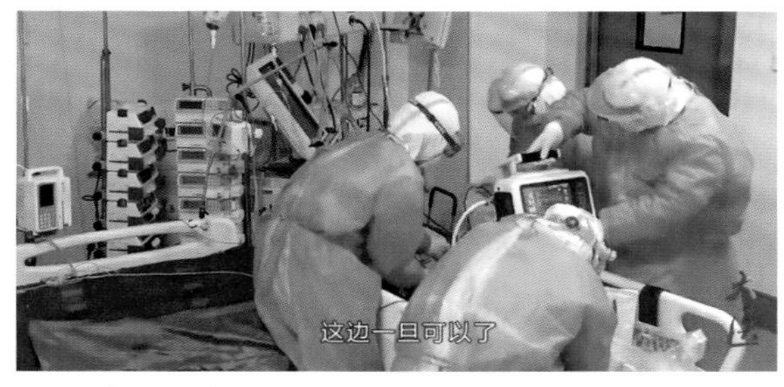

【同期】

放射科：负压病房开始进行准备了，这边一旦可以了，我立即给你们说。

袁医生：上面显示得到电量不？就是怕这个泵出现了问题。

护士：我们准备了两个泵，你莫担心。

放射科：负压病房可以出发。

袁医生：建议你们去把外面的门开起。

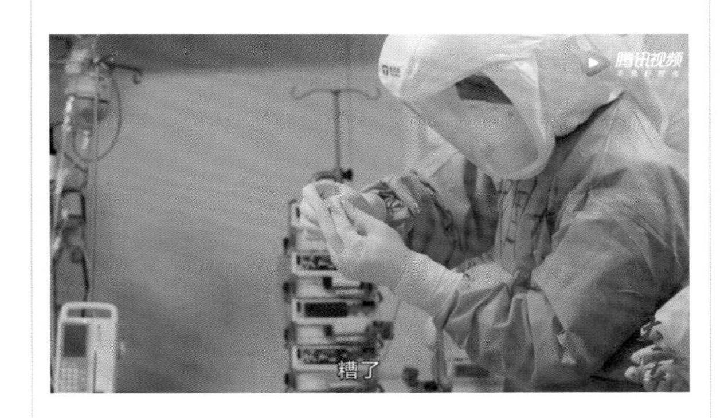

【解说】2020 年春节，一场新冠肺炎疫情突然袭来。疫情发生后，重庆市卫生健康委员会迅速确定了 174 家发热门诊、48 家区县定点医院、4 家集中救治医院；紧急组织了由重症、呼吸、感染及中医等组成的市区两级专家组，制定了中西医协同诊疗的救治方案，积极开展救治工作。袁国丹所在的重庆市公共卫生医疗救治中心，正是主城片区集中救治医院。

【画面】负压病房内，穿刺手术

【同期】

袁医生：以前很容易，这次怎么那么难。

（音效：喘气声、监护仪声）

袁医生：终于成功了！

【解说】近3个小时的手术，汗水早已湿透衣衫。为了节约防护服，做完手术的袁国丹选择继续查房。从2020年1月24日第一例患者入院开始，重庆市公共卫生医疗救治中心累计收治了224位患者。袁国丹所在的负压病房，承担了其中所有重症及危重症患者的治疗，这些患者都曾徘徊在生死边缘。

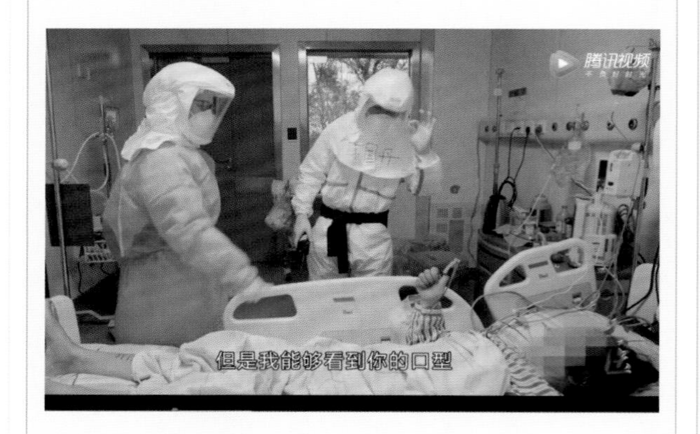

【同期】

袁医生：插了管之后，对声带的确有些损伤，但是你要尝试，不要每天都不说话，来，你好多岁？

袁医生：你这样，1。

患者张大爷：2。

袁医生：3。

患者张大爷：4。

袁医生：加油，好不好？加油，好好休息。

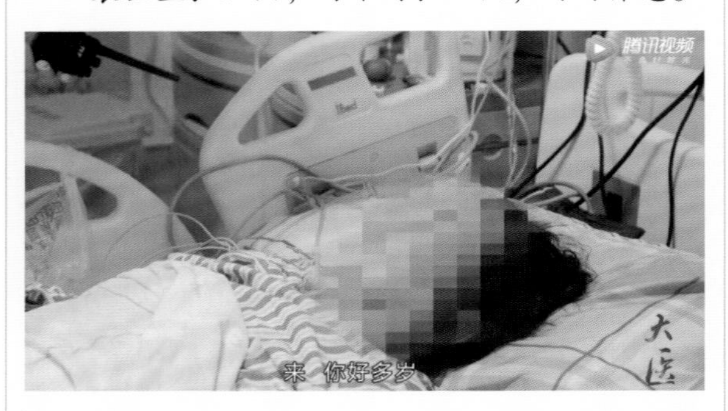

【解说】从1月30日确诊感染入院接受治疗，65岁的王阿姨已经在这里度过了30多天。入院前，她是社区老年舞蹈团的核心成员，经常到全国各地参加演出。入院后，因为病情严重，她一直在负压重症监护病房接受治疗。

【同期】

王阿姨：听我讲，我说个最老实的话，我不知道他是差点基本功，还是真的我的血管不好抽，经常都是扎我好多次都扎不到，痛得我……

袁医生：婆婆，因为年纪大了那个血管通常来说都没有年轻人那么好打，懂了没得？

王阿姨：嗯。

【采访】

袁医生：我们都能感受得到他们的情绪是并不好的，因为被限制自由，因为一些有创操作，导致他们生理上的一些不适，时间久了就会逐渐转变为心理上的不适。

【解说】完全封闭的病房，目之所及皆是冰冷的医疗器械。在此度过的无数个24小时时间里，患者不仅饱受着病毒对身体的折磨，也承担着不同程度的精神压力，他们紧张、焦虑、抱怨，甚至是拒绝治疗。

【画面】专家开会

【同期】

医生1：这个婆婆她自己说她没有吃药，发给她的药她也没有吃，她认为她没有病。

医生2：还有一个病人精神症状特别重，他的左腿不由自主地颤抖，很紧张。我们就跟他视频，不停地对他进行心理安慰。

【解说】专家组成员都是来自重庆各大医院的中西医医学专家，他们有丰富的医学经验。但此时，考验他们的不止是患者身体的治疗难题，还有对患者心理上的辅导。

【画面】负压病房，樊安芝

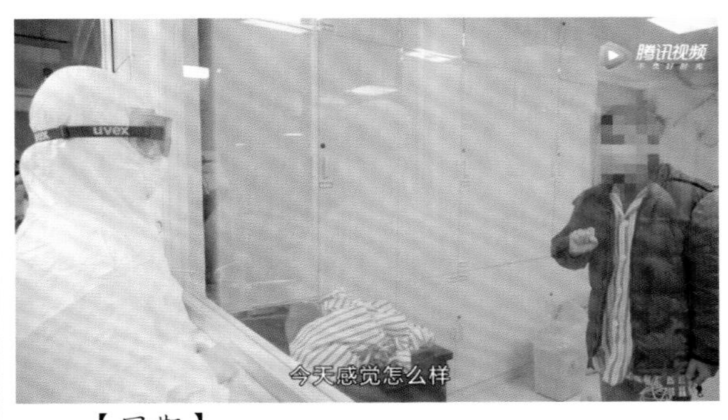

【同期】

樊安芝：现在已经3点钟了，午觉已经睡醒了，起来啦。稍微好一点，我们就把头洗一下。

王阿姨：今天中午饭都没吃饱。

樊安芝：为什么呢?

王阿姨：很硬。

樊安芝：你吃不吃烫饭嘛，我喊厨房给你煮烫饭。

【解说】每天，细致入微地照顾起居，不辞辛劳地帮助康复。医务人员的温暖，逐渐融化了王阿姨内心的坚冰。

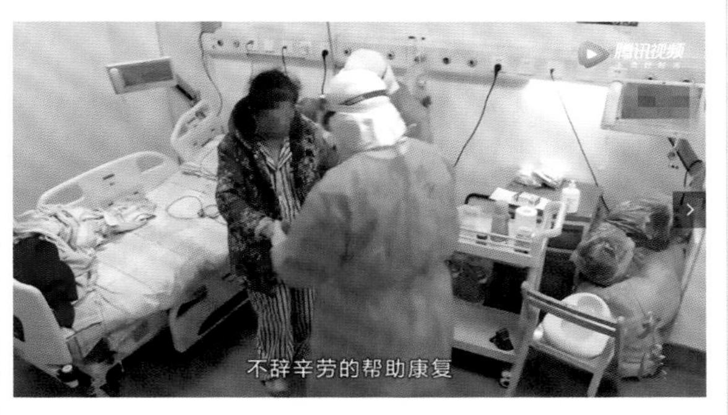

【同期】

袁医生：现在你这个情况吃药对你的康复是有好处的。

王阿姨：要得，我要吃中药。

护士：你有撒子愿望呀。

王阿姨：我想活下来。

袁医生：你已经活下来了。

王阿姨：谢谢，谢谢哎。

【采访】

袁医生：越来越多的病人，在信任我们，在肯定我们。其实治好一个人生理上头的这种疾病，可能远远不如让这个病人从心理上头能够去获得。

【同期】

袁医生：我看到你趴，趴得最好的就是你，对你的肺有好处。要有信心，没得问题得，已经转阴了，你现在就是康复了。

患者：没得问题。

袁医生：那加油哈。

患者：谢谢，谢谢你们，袁医生。

【采访】

袁医生：当时呼吸窘迫很明显，非常非常的焦虑。我说相信我们，会全力以赴救你。做操，天天做得最乖的就是他。他就说，你们医生和护士给了我一次重生的机会，我要把我的血浆捐献出来回馈社会。

【画面】轻症三病区清洁区（罗贵全，入院至今已有36天）

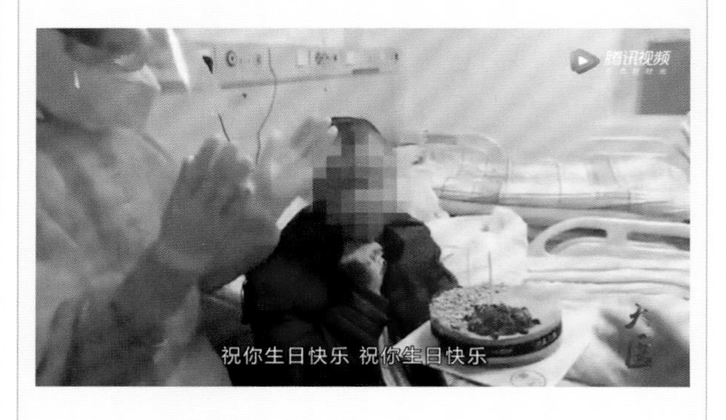

【采访】

廖医生：这个爷爷是从武汉来的，本来也有冠心病、高血压，所以恢复得比较慢，他其实很悲观。

【同期】

廖医生：罗爷爷生日快乐！

王晓蓉：生日快乐！

罗贵全：谢谢。

廖医生：不要太激动了，你有心脏病。

齐：祝你生日快乐，祝你生日快乐……

【采访】

罗贵全：这边护士和医生都很好，反正不要担心。姑娘，爸爸很想你。

罗寿萍：谢谢他们给了你一个难忘的生日，也谢谢他们弥补了我心中的遗憾。亲爱的老爸，我们同样都是战友，武汉和重庆心连心。

【解说】隔着山，隔着水，却从未隔断爱。封了城，封了路，却封闭不了人心。896.2公里，是重庆到武汉的距离。在这场疫情之下，医护人员用爱照亮了阴霾。

【歌词】……素不相识，却日夜牵挂，为你驱散阴霾的尘沙……

【解说】疫情发生后，在重庆市卫健委的统一部署下，全市近三十万医务工作者奋不顾身投入到这场没有硝烟的战斗中，他们用医术守护生命，用行动践行誓言。经此一疫，更加明白何谓白衣天使，何谓医者仁心。

【歌词】甘于奉献，大爱无疆，没有血缘却亲如一家，愿天地绽放，幸福安康……

这就是调整后的10分钟短视频脚本（剪辑后有改动），我们可以看到较之前的选题策划，故事内容扩展了，有了更多有血有肉的内容，解说词也更详尽具体了，数据内容的呈现也使短视频有限的时长传递出更意味深长、更感人至深的信息，片子主题也得以升华，这是视频策划、文案的魅力。同时，画面、同期、解说的配合让这部短视频更形象、生动地展示了抗疫特殊时期医护和患者之间发生的感人至深的故事，为这个特殊时期留下了最真实的记录，具有非常深远的意义。

传播效果分析

这个短视频是医疗人文类系列纪录片之一，节目每周五 21：30 在重庆卫视播出。该短视频纪录片向全国的观众朋友传递重庆人民众志成城的战疫精神，传递人间大爱。节目播出后迅即引发热烈反响，并收获一致好评。

不健不散服务号 >

开开 smile(朋友) 1
愿一切越来越好

丫丫嘟嘟 1
医护人员的赤诚之心，值得我们尊重和敬仰！

作者
❤❤❤

分界线 1
哪有什么岁月静好，是因为有人替你负重前行

落叶归根
愿一切小离别，都有大团圆，我们张开怀抱，等你回家！

一瞬之光
生为中国人，真的很骄傲，困境面前，没有人会退缩，只会勇往直前！一起加油

半生情缘
我们不知道他们是谁，但我们知道他们为了谁！

いい爱情真谛
他们用医术守护生命，用行动践行誓言，太棒了。

昔颜
今晚收看，肯定很泪奔，已备好纸了。

第三章

宣传型短视频

宣传型短视频，是指用制作电视、电影的表现手法，有重点、有针对、有秩序地进行策划、拍摄、录音、剪辑、配音、配乐、合成输出制作成片。制作此类短视频的目的是声色并茂地凸现宣传主题独特的风格面貌，让社会不同层面的人士对其产生正面、良好的印象，从而建立好感和信任度，由此更加信赖对方。

根据不同的设计和传播目的，宣传型短视频可以细分为企业宣传片、产品宣传片、公益宣传片、城市宣传片四大类。企业宣传片主要是为了塑造企业形象，彰显企业实力；产品宣传片是为了更详尽地向消费者介绍产品；公益宣传片是为了增强公众的社会责任感，宣扬社会公共道德，提升公众的道德意识，规范公众社会行为，改善社会不良风气；城市宣传片，则是凝练一个城市独特的风貌和文化，树立和宣传城市形象，通过彰显城市魅力和进行差异化定位来凸显城市的综合竞争力。

从策划构思上来讲，前期导演组多次开会，对于选取哪些最具重庆特色的场景，什么时间拍摄光线最好，哪些画面只采景色，哪些场景要有人文因素呈现以及具体的呈现方式都进行了充分的讨论，并且确定了以时间为序的叙述方式。接下来，摄像组根据策划内容去拍摄，努力呈现最美的画面。画面的质量取决于天气、能见度、摄影摄像器材，当然最主要还是摄像技术。对于具体的摄像技术如构图、光线、角度等，这里不做赘述，我们先从下面的画面来感受一下这部片子。

全片选取 21 个具有代表性的场景，从朝霞满天、蓝天白云到灯火阑珊，每一帧画面都力求尽善尽美，每一个拍摄场地和时间都提前精心设计，浓缩了重庆的美。这些对重庆城市特色的呈现，可以让观众更直观地感受“山水之城、美丽之地”。

时长	拍摄方式	画面	声音
35 秒	延时摄影、航拍、远景、中景	山城晨光、长江三峡夔门、大足摩崖石刻、渝中半岛、解放碑 CBD、江北嘴 CBD、观音桥商圈、解放碑商圈、长江游轮、红岩魂广场、重庆朝天门马拉松现场、磁器口古镇、轻轨李子坝站、铜梁火龙、重庆火锅、南滨路、金融中心、洪崖洞、长江索道和朝天门长江大桥等	纯音乐 + 简短解说词

在配乐方面，这部重庆城市形象宣传片前面采用节奏感很强的交响乐作为背景音乐，用于气势磅礴的画面、航拍全景和延时摄影等，后面辅以人声哼鸣强化；简短浑厚的男声配音“山水之城，美丽之地，重庆，行千里，致广大”配合展示城市现代化事物，如喧闹夜景、城市交通、娱乐场所等。多样化的背景音乐与宣传画面展示的城市地形地貌、历史人文、城市建设高度契合，展现了一个传承古今、包容并蓄、丰富多彩的现代化都市形象。

解放碑商圈

山水之城
美丽之地
重庆
行千里 致广大
Chongqing: Journey to New Accomplishments

重庆
CHONGQING
洪崖洞

传播效果分析

重庆城市形象宣传片《行千里 · 致广大》是通过重庆电视台和华龙网、上游新闻等官方新闻媒体发布的。官方媒体传播除了具有公信力以外，还能更大范围覆盖受众，为视频短时间内在各种网络平台的传播累积热度。

除了官方媒体对这则视频的展播，新媒体作为操作便捷且成本相对低廉的平台和渠道，在城市形象宣传片的传播中也大显身手。2018 年 5 月，该宣传片一经发布便迅速蹿红，刷屏微信朋友圈等社交平台，陈坤、田亮、李雪芮、王小帅、王俊凯等明星名人纷纷转发为重庆“打 call”，视频上线当日播放量破亿，重庆城市形象通过社交平台、媒体、户外广告牌迅速传遍了全国乃至世界各地。

搜狐 新闻 体育 汽车 房产 旅游 教育 时尚 科技 财经

【重庆“行千里致广大”】重庆城市形象广告片

2018-05-16 20:57

荣昌微发布
2343 文章 126万 总阅读
查看TA的文章>
评论 0
分享 微信分享 新浪微博 QQ空间

同时，此视频在互联网上收获了很多正向的评价：“重庆是一座你来了就不想走的城市”“我为生在重庆长在重庆而自豪，我是重庆人”“好燃的宣传片，高端大气上档次，身为重庆人我骄傲”……点赞的“声音”此起彼伏，这样的宣传片真正做到了让重庆人自豪，让外地朋友称赞。

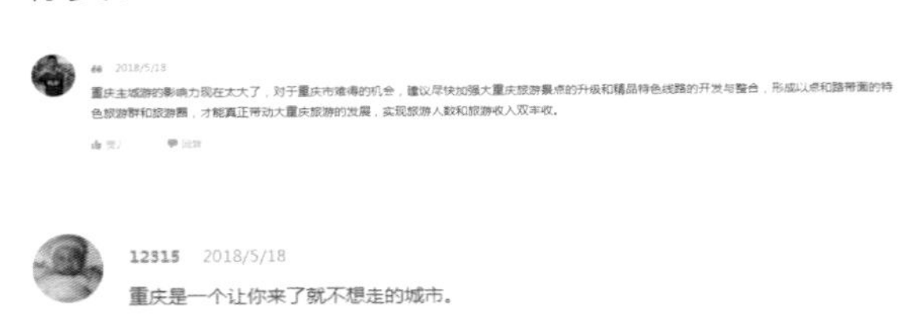

根据 2018 年抖音、头条指数与清华大学国家形象传播研究中心城市品牌研究室联合发布的《短视频与城市形象研究白皮书》，从抖音平台的播放总量来看，重庆城市形象短视频播放总量排名全国第一，播放次数累计达到 113.6 亿次，远超北上广深，是最受欢迎的“抖音之城”。在《行千里 · 致广大》发布一个月后的端午假期，重庆全市共接待境内外游客 944.57 万人次，同比增长 12.6%；实现旅游总收入 48.35 亿元，同比增长 26.7%。

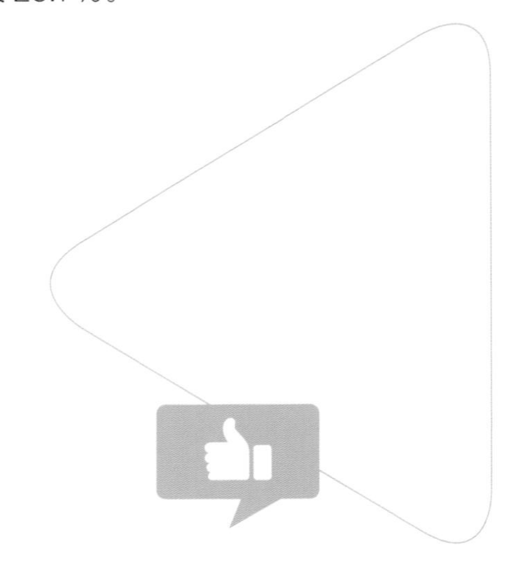

Video Clips
Design &
Communication

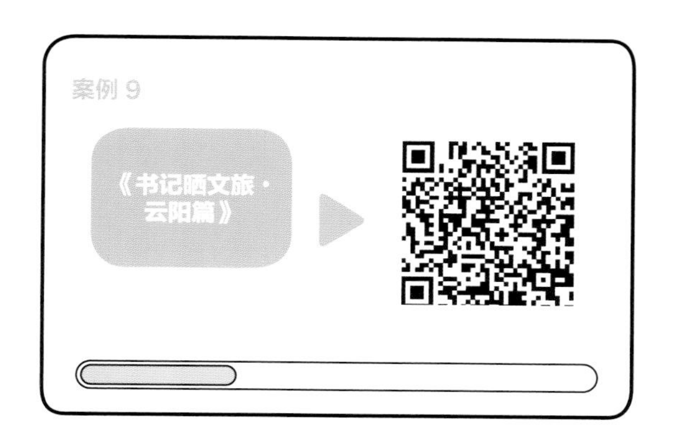

为深入挖掘巴渝优秀的历史传统文化资源及其精神内涵，进一步坚定巴渝文化的自信，促进文旅融合，从 2019 年 3 月 5 日起，重庆市启动“晒文化·晒风景”(以下简称“双晒”)大型文旅融合推介宣传活动。《书记晒文旅·云阳篇》是充分展示云阳自然风光、民俗风情、特色风物、人文风韵、城乡风貌之美的一部短视频。这则视频采取拍视频、讲故事的方式，宣传推介云阳的城市特色和文化旅游精品。

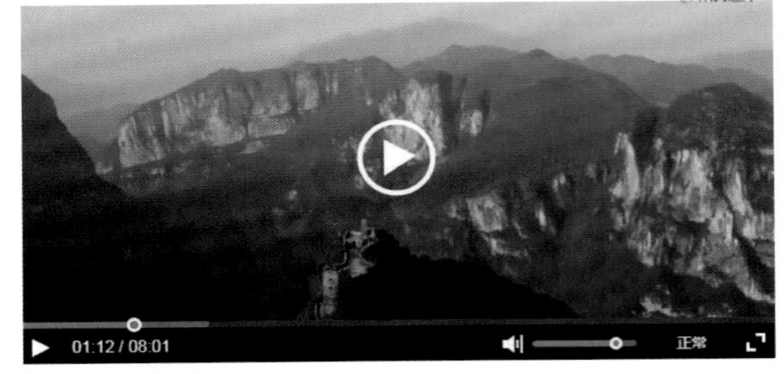

“双晒”实际上是一次充分利用短视频的分发和推广渠道进行先期策划的文旅推介活动，活动的关键字眼“晒”非常贴合短视频的传播特色。

短视频的开头和结尾，都采用了第一人称的视角。时任云阳县委书记张学锋作为“男一号”，化身“导游”和“代言人”，带领观众游云阳。“我用 9 年的时间深爱了这座城，我要用一生的时间去分享它的魅力！”

第一人称视角具有亲切感，拉近了观众和县委书记的距离，感觉书记更像是一位平易近人的邻家大哥。同时，视频画面大气磅礴，运用了多种拍摄手法，延时镜头、航拍组接，背景音乐适时切入，配合县委书记的讲述，把地处渝东北的云阳“晒”了出来——长江横贯全境，一江四河纵横交织，雄奇壮丽的自然风光尽收眼底。

内容必须分发出去才会有更多的人看到，如果优质内容无法传播给更多用户，那么再好的创意和点子都是白费功夫。“双晒”系列宣传片的传播渠道和方式方法非常值得借鉴和学习。首先，“双晒”主要依托“两微一端”（即我们所熟知的微博、微信以及逐渐发展壮大的“新重庆”手机客户端）进行分发；其次，在“新重庆”手机客户端开通了市民点赞功能，增强了互动性，吸引大量市民利用社交媒体进行二次转发，实现传播裂变，将“双晒”的影响力进一步扩大。

具体操作步骤如下：

【如何点赞】第一步：点击下载“新重庆”手机客户端。

第二步：打开“新重庆”客户端，点击右上角“我的”，用手机号进行登录和注册（已成功注册“新重庆”用户的手机号可直接跳过此操作步骤）。

第三步：在“新重庆”客户端“头条”的栏目或“活动”栏目里即可找到“双晒”活动页面，进入“双晒”活动。

第四步：点击栏目，为自己喜爱的区县故事作品点赞。

传播效果分析

据统计，云阳县《书记晒文旅》《区县故事荟》和《炫彩 60 秒》3 部作品，全网注册用户阅读转载量累计超过 1000 万次，“两微”等社交媒体平台累计转载、传播 30 万余次，新华网、人民网等 60 余家媒体也参与了转载推送。

云阳县委宣传部的相关负责人称：“本次活动增强了干部群众的认同感、幸福感，增强了共谋发展的凝聚力。作品深度挖掘了云阳的历史文化资源，充分展示生态和人文，增强了文化自信，促进了文旅融合发展。”

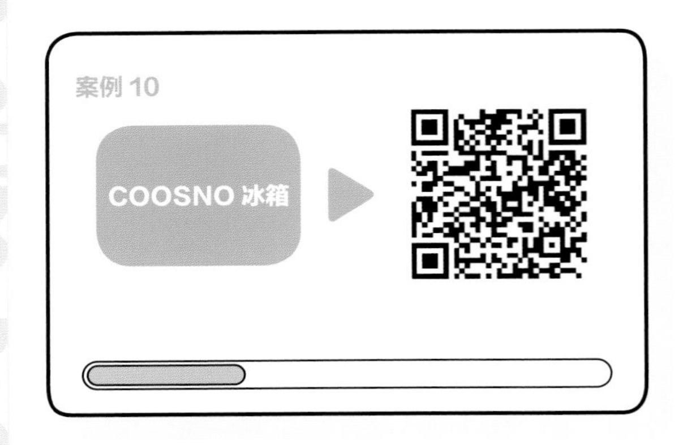

这是一则产品宣传片，也就是我们平时常见的广告——通过视频中的生动画面、丰富场景、匹配度较高的文案，向消费者提供产品的相关资讯和数据，以及产品之外的补充性信息，对消费者进行深度说服，影响消费者的消费观，推动相关购买行为的出现。

以下是一份比较详细的场景设计脚本，把广告中出现的场景以及需要用到的道具、具体的镜头内容都做了展示和描述。为什么要在开拍之前制作一份设计脚本呢？因为在拍摄的过程中，拍摄人员和文案设计人员分别属于不同的工种，文案设计人员对产品的情况相对更了解，而负责拍摄的人员则需要一份详尽的脚本，包括拍摄场景、镜头以及拍摄道具的选择和配置等，从而了解具体的场景设计要求和产品展示要求。

拿到场景设计脚本后，拍摄人员就会在自己的脑海里进行构思：这个镜头是拍摄全景还是特写？这个镜头是单独拍摄产品，还是让模特加入一起展现？对于设计者的要求和思路了然于胸，才能既控制好拍摄的时间成本，又把握好拍摄的画面内容，做到有的放矢，目的明确。

完成拍摄工作后，前期拍摄人员会把脚本交给后期剪辑人员。根据脚本和拍摄内容，剪辑人员会选取景别合适的拍摄镜头，加上配音和背景音乐，调整脚本的节奏，通过细节修改和剪辑完善，一个 1 分钟的广告初步成型。

项目名称 (project name)		COOSNO 冰箱	人员以及设备 (staff and device)	
项目编号 (project number)		Z00339	拍摄设备 (shooting device)	Cannon 5D4/RED
项目计划 (project scheduling)	摄制日期 (shooting date)		灯光 (lights)	LED 柔光灯板 3 组
	交稿日期 (delivery date)		摄制组人员 (shooting team)	4 名
模特 (model)		1 男 1 女	后期人员 (post-production team)	2 名

编号（NO.）	场景（scene）	镜头（frame）	配音 / 字幕（dubbing/ subtitle）	所需道具 / 模特（props in need/ model）	拍摄场地（shooting place）	参考场景图 (example)
1	客厅	COOSNO 在客户环境下，打开升起。通过环境交代，体现 COOSNO 的现代感、科技感、新奇的样子	Introducing COOSNO，The Future Coffee Table	冰箱，各类饮料	龙华摄影基地	
2	客厅	模特坐在冰箱旁边，从冰箱拿啤酒，分给另一个模特。同时展示冰箱里很多饮料，以及LED灯在闪烁，桌面的画面不断变化	Ever thought of a fridge just sits beside you，it brings you not just fresh beer，but entertainment and convenience	啤酒等饮料	龙华摄影基地	
3	客厅及其他室内环境	展现COOSNO在不同室内环境下的样子	This is Coosno,more than just a handy fridge. COOSNO is designed for modern life，the sleek minimalist design fits perfectly in your sweet home	Macbook，创意小音箱等，作为配件	龙华摄影基地	
4	客厅	模特播放音乐，然后随着音乐节奏律动起舞，男女模特互动	The stereo system with 6 speakers offer amazing Hi-Fi experience wherever you place COOSNO	手机播放音乐	龙华摄影基地	

编号（NO.）	场景（scene）	镜头（frame）	配音 / 字幕（dubbing/ subtitle）	所需道具 / 模特（props in need/ model）	拍摄场地（shooting place）	参考场景图 (example)
5	客厅	主要拍摄灯效	And it is ultimate eye catcher not only the entertaining lifting fridge cabinet, but also the glowing light effect		龙华摄影基地	
6	客厅	无线充电 USB 的使用镜头	COOSNO is also your smart home hub. The built-in wireless charging chip always keep your phone and smart device stay charged	无线充电手机和其他 USB 线材	龙华摄影基地	
7		Google Home 的镜头，需要模拟使用 Google Home 的场景。通过空镜拍摄，做后期特效	COOSNO is voice control ready，with Google Home，just hold your beer，tell Google to do whatever you want		龙华摄影基地	
8		手机 App，以及调整灯效的镜头	COOSNO also comes up with a smartphone App，controlling your fridge is just right on your palm, and you can also customize the lighting effect for all kinds of scenarios	手机及 App	龙华摄影基地	
9		COOSNO 干净的背景，做字幕特效	Get a COOSNO，upgrade your modern life		龙华摄影基地	

随着 5G 时代的到来，视频广告的投放路径由原来的传统媒体，逐步实现了网络化。一是移动视频播放平台，例如腾讯、优酷、爱奇艺等可以进行视频广告智能播放的平台，强制性地将广告推送给那些需要打开“意向视频”直接观看的人。二是微信的广告智能投放平台。用户在浏览朋友圈的过程中刷新页面信息时，可看到朋友圈中投放的信息流广告。用户可以评论、点赞、转发，还可以看到其他好友对该广告的点赞和评论，因此，此类广告具有较强的互动性。同时，广告主还可以根据商品受众的地域、使用习惯等多种因素对用户进行广告的智能投放。三是搜索引擎平台的推广，简单来说就是当用户对某一关键词进行搜索时，在搜索结果页面会出现与该关键词相关的广告内容。

传播效果分析

这则广告在境外电商平台投放，观看产品宣传片直接导致购买行为的数据不详，但是通过商家给视频制作方的反馈来看，效果非常不错。商家通过这则广告片一天内众筹得 20 万美元，最终筹得超百万美元。

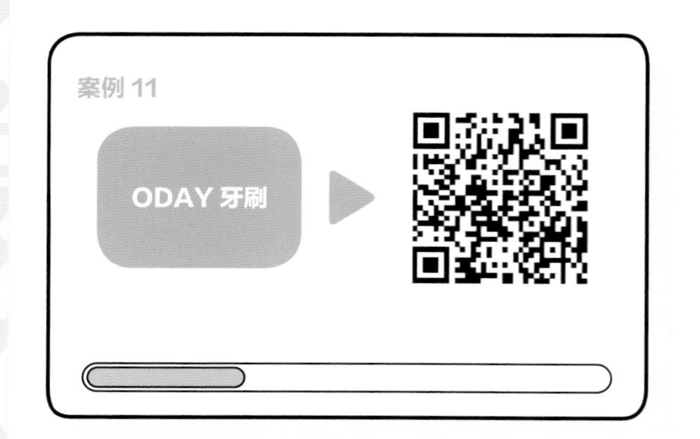

产品宣传片的设计，要根据产品的特性以及目标人群的需求进行推敲，对于现场拍摄不能实现的效果，可以通过后期加工实现。不过在进行前期设计时，也要对动画和效果实现的方式进行前期设计。什么时候加动画，如何加动画，在前期设计时都应了然于胸，只有这样才能实现短视频的整体性。比如 ODAY 牙刷这个推广短视频，当高科技画面无法靠前期拍摄实现时，脚本设计中就明确表述了后期的实现路径。

广告类短视频的时长，一般以 1 分钟为宜：太长观众会产生审美疲劳，缺乏耐心的甚至会立马跳过；太短又不能呈现出产品的特性。因此，在有限的时间里，特别是开场几秒钟抓住观众的眼球非常重要。

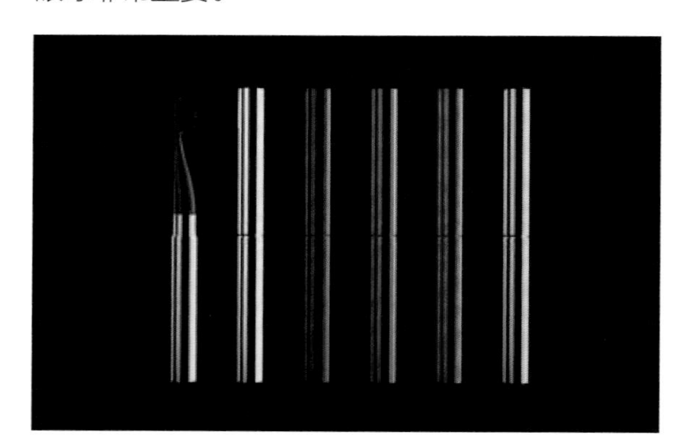

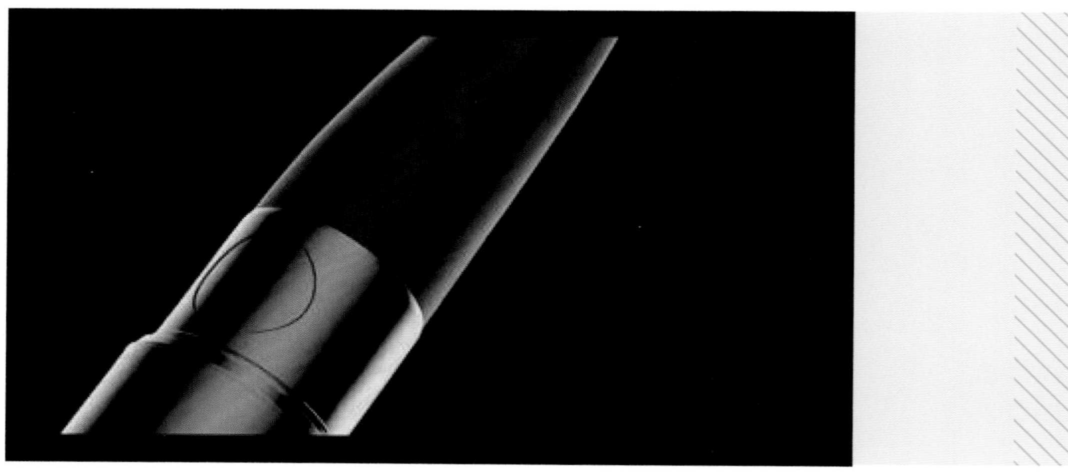

<table>
<tr><td colspan="2">项目编号
(project number)</td><td>Z00338</td><td>拍摄设备
(shooting devices)</td><td>Cannon 5DMark4/Sony A7R</td></tr>
<tr><td rowspan="2">项目计划
(project scheduling)</td><td>摄制日期
(shooting date)</td><td></td><td></td><td></td></tr>
<tr><td>交稿日期
(delivery date)</td><td></td><td></td><td></td></tr>
<tr><td colspan="2">模特 (model)</td><td></td><td></td><td></td></tr>
</table>

编号（NO.）	实现方式 (implement)	场景 (scene)	镜头 (frame)	特效 (AE)	预计时长 (EST)	拍摄场地 (shooting place)	参考分镜头 (example)
1	3D	纯色，与产品质地大致形成一定背景色差	每个产品颜色系列动态出现，随机产品的色系名称出现。用动态字幕的形式	Rose Gold（类似电子时钟翻滚的效果）	5 秒		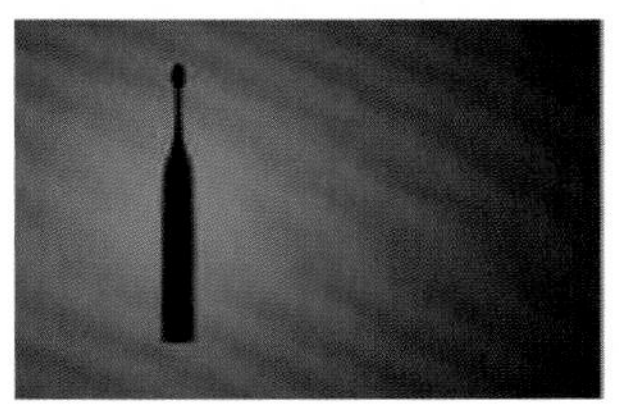
2	3D	银灰色背景	牙刷闭合状态下，拉开，露出刷头，转一下，闭合，闭合的同时字幕出现。闭合的过程和字幕出现的过程是一个相对的逆向过程，即牙刷主题闭合的时候，字幕（ODAY）从小拉伸大，然后定格	ODAY 的特效字字幕。与牙刷主题进行逆向的运动。牙刷主题闭合。ODAY 字幕做拉伸出现。做一个透明 PNG，从透明到不透明即可	5 ~ 6 秒		
	3D	银灰色背景					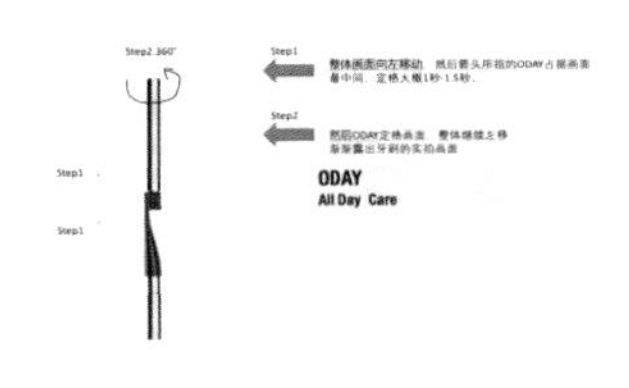
5	实拍		开心又诗意地将牙刷放到精美的收纳袋里				
6	实拍		升格慢镜头，将牙刷放进高级挎包、斜肩小包、翘臀的牛仔裤后口袋				

NO.	实现方式 (implement)	场景 (scene)	镜头 (frame)	特效 (AE)	预计时长 (EST)	拍摄场地 (shooting place)	参考分镜头 (example)
	实拍（选项1）		以模特出街的镜头为主。呈现文艺、浪漫的高级感			城市街头	
	实拍（选项2）		在摄影棚里，用纯色，或者模以山技场景，突出艺术类场景模拟，如办公、拖着皮箱旅行等场景			摄影基地	
	实拍 +3D		模特将牙刷放回去，ODAY纯色图层反方向拉回，覆盖到放置牙刷的动作				

该视频前 20 秒采用了高清动画的形式，展示了产品的亮点——造型精巧别致、色彩炫酷，观众看到觉得新奇，就会有继续看下去的冲动。

而接下来的实拍环节将这款牙刷的使用方法和携带方便等特点展示得非常清楚，通过模特的演绎，让观众感受到无论场景如何变化，是居家、出差还是逛街，都可以安心携带使用该牙刷。画面的质感也渲染出生活的品质感。

实拍也好、3D 制作也罢，如何根据产品的特性进行设计，这是在制作脚本的时候就应该考虑清楚的问题。同时，背景音乐的恰当使用，对视频效果起到了带动节奏和烘托氛围的作用。这则短视频虽然没有解说词，但是由于画面剪辑颇具动感，节奏性强，已然达到了广告宣传的目的。

传播效果分析

这则广告也是国内制作，国外众筹的项目，短短一个星期内筹得超百万美元。

第四章

新闻型短视频

短视频应用程序所拥有的便捷化的拍摄、编辑、发布功能使得“人人都有可能成为媒体人”，只要你置身新闻事件现场，就已经拥有了即时采集、即时传播发布第一手新闻的自主传播权利。这在一定程度上刺激了当下新闻型短视频的快速发展。

微博、微信等大型社交软件，刺激了我国青年群体不断增长甚而膨胀的互联网短视频社交需求。新华社于 2014 年 11 月上线的超短新闻微博视频客户端——“15 秒”，是我国传统新闻媒体进军新闻型短视频传播领域的第一盏信号灯。随后，众多传统新闻媒体凭借其自身原有的移动新闻视频传播优势，向新闻型短视频传播领域的终端发起了迅猛的进攻，“我们视频”“南瓜视频”等移动短视频终端纷纷登场。

除此以外，一些国内知名的新闻媒体人也开始进行互联网创业，“刻画视频”“梨视频”“视知”等 App 的蜂拥而至，一下子将新闻型短视频行业推向了互联网市场的风口浪尖。在众多兴起的互联网新闻短视频传播平台中，以新华网和澎湃新闻的视频传播发展最为突出。新华社还先后开通了官方微博和抖音账号，发布新闻型短视频。

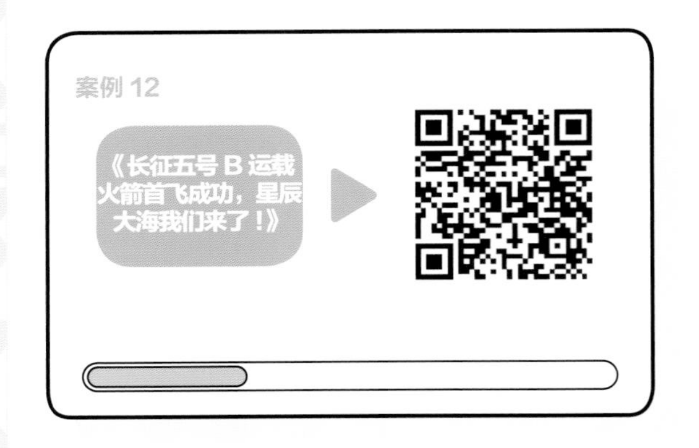

海我们来了！》前半句讲述了新闻事实，后半句既有诗意，又符合年轻人的审美取向。

从视频中可以看出，镜头的表现更加注重现场感，真实展现生活场景。在这个 19 秒的短视频中，没有任何解说词出现，所有画面都围绕长征五号 B 运载火箭首飞的现场。

同时，画面更注重表现细节，视频将现场最有吸引力的点火腾空画面放在最前面，之后再将其他飞行画面"娓娓道来"。此类短视频应突出重点内容，现场声音应高于背景音乐，现场同期

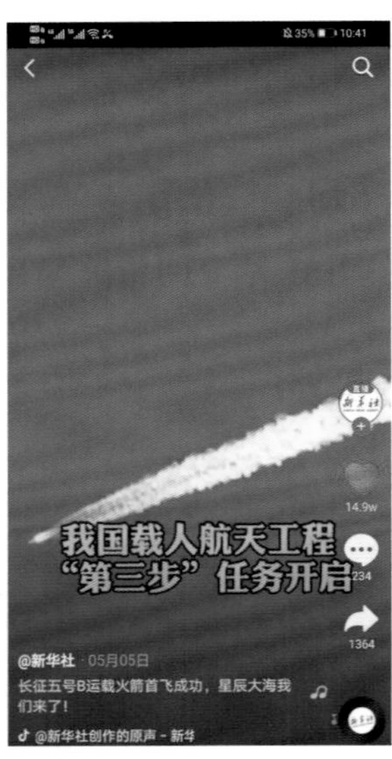

纵观新华社的新闻型短视频内容，阅读量比较大的选题都满足两点要素：标题好、表达好。比如《长征五号 B 运载火箭首飞成功，星辰大

应加字幕以辅助观看——毕竟如今很多受众的观看场景可能是不便播放声音或者听不清声音的地方。

在注意力成为最大稀缺资源的互联网时代，新闻传播信息从电子产品向移动应用终端的注意力转移已经成为一种不可逆的发展趋势。新闻型短视频因其短小精干的特点，可以在当前人们碎片化的时间空隙中迅速找到生存空间。而轻量化的新闻信息内容处理特质促使新闻信息生产者必须更加精准地抓取与其核心新闻主题息息相关的信息内容。这种观点鲜明、内容丰富、信息集中、直奔主题、指向性和定位强的新闻信息特征，与当前快节奏、碎片化的社会和生活节奏不谋而合，使得新闻信息的传播和发布极易被消费者和受众广泛接受和充分认可，信息的覆盖率更高，有利于其形成有效而持久的传播影响力。

234 条评论
菏泽消防
致敬中国航天！ 274
回复
安静地。。
致敬伟大的祖国伟大的航天科研人员 8
回复
中国电子报
激动的心，颤抖的手，航天说走咱就走 5
回复
每一天都是新的开始
向中国航天人致敬 8
回复
希望明天还是一样晴朗
星辰大海！！！！我们中国人来啦！！！ 4
回复
留下你的精彩评论吧

这则短视频在抖音上点赞量达到 14.9 万，有 200 多条评论表达了祝贺和致敬。

基于短视频的传播特点，几乎人人都拥有采集第一手新闻现场资讯的能力，但是用户仍然对高质量的新闻内容、多元化的新闻信息传播手段，以及与新闻内容密切相关的产品的内容迭代感兴趣。

新华社作为一家国际性的新闻通讯社，率先将新闻型短视频报道运用在重大国际新闻及突发性事件的报道中，推出了一系列具有广泛国际影响的短视频和长新闻报道，形成了“特效 + 常态化”的国际新闻短视频报道创新传播模式。

2016 年 6 月，在迎接中国共产党正式成立 95 周年之际，新华社推出了精心打造的微电影《红色气质》。通过一段时长 9 分 05 秒的宣传影片，展示了中国共产党自成立以来的光辉的发展历程。

该片完全舍弃了以往传统的“录像 + 文献”的叙述表现模式，首先利用现代技术，将中国照片档案馆的历史老照片进行了颇具创意的复原；其次通过 3D 技术还原了档案馆老照片中的人物活动及历史瞬间，使得人物和场景“动”了起来，照片背后的故事也“活”了。这种巧妙地利用“老照片 + 特效”的静态、动态图像拼接方式，让人们仿佛穿梭在历史长廊之中，“真实”地触摸到当年的人物，置身当年的历史场景中。

iQIYI 爱奇艺

iQIYI 爱奇艺
走进中国照片档案馆

iQIYI 爱奇艺
多陪陪家人

传播效果分析

对于主流媒体来说，宏大主题的专题报道是每年一度的常态化工作任务。如何正确选择最合适的短视频报道形式，从而有效拉近与主流媒体受众之间的距离，是每个主流媒体人都需要认真思考的一个关键问题。

《红色气质》微电影是中央电视台和新华社作为综合媒体运用短视频传播表现形式的又一次尝试，在全国通过电视、网络与广播以及移动终端等多平台、多渠道进行传播。新华社的微博目前拥有 9000 多万粉丝，新华社的微信公众号也有接近 40 万的粉丝数，该视频在网络上传播次数超过 5000 万次。此次推出的《红色气质》微电影按照院线标准制作，从而使得该视频适合在多平台、多渠道进行广泛的社会化传播，达到了快速传播的目的。

由此可见，短视频在媒体新闻报道领域的广泛使用，不仅极大地丰富了传统媒体的新闻表达语言，而且改变了传统的新闻报道形式，使得新闻报道受到广大用户特别是年轻网民的喜欢。这一形式可以让用户在新闻报道的第一时间有效地链接社会上的主流社交软件如微博、微信等，使得新闻传播速度提高，新闻传播的时效性、准确性增强，凸显了信息传播的价值，延伸了传统媒体对新闻报道的媒体话语权。

《红色气质》获全国电视纪录片专题片推选一等奖

2016-12-21 22:44:57　浏览量：701532
来源：新华社

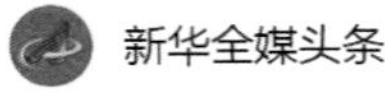

9分5秒，高度浓缩了中国共产党成立95年来的光辉历程。

新华社精英策划团队打造的精品栏目，敬请关注。

“新闻脱口秀”“新闻纪录片”“新闻微电影”等不同类型的短视频产品一方面丰富了新闻型短视频的表达形式，时刻强调“内容为王”的理念和对品质价值的追求；另一方面，也给新闻型短视频产品向其相关内容传播领域延伸及拓展服务带来了新的可能性。

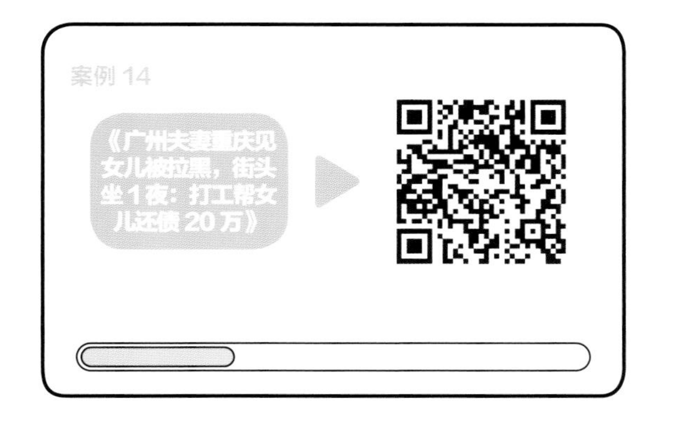

拍客，也就是利用手持摄像设备记录生活的人。随着互联网技术的发展、手机功能的扩展，信息的传播打破了时间和空间的限制，使社会迈向“人人都是记者”的时代。案例 14 中的短视频就是“梨视频”拍客中心制作的产品。

传统媒体占据主流的时代，新闻的作用主要是弘扬正能量，营造和谐稳定的社会氛围，以正面报道为主。而媒体对社会不文明、不公正现象的揭露其实更能引发大众的关注。

这则新闻主要讲述的是老陶夫妻千里迢迢从广州到重庆探望女儿，可女儿不仅对父母避而不见，还在手机上把父母“拉黑”，夫妻俩在路边坐了一夜的故事。他们说女儿之前从家里拿走了 20 多万元，之后从未回家。夫妻俩为给女儿还钱，在广东帮人养鱼，手和脚都泡烂了。今年女儿又给他们打电话说欠了 20 多万元债务，要父母替她还钱。夫妻俩决定到重庆找女儿，问个究竟。说到伤心处，夫妻两人在大庭广众之下号啕大哭，路人都忍不住落泪。视频播出后引起大众高度关注，观众们都对“女儿”进行了强烈的谴责：作为一个成年人，屡屡欠下高额外债，却要父母借钱帮忙还债。一个自立的人，应该为自己的行为负责，承担自己行为所导致的后果，而不是将责任转移给父母或别人。

随着移动短视频的兴起，各种各样的社会问题都暴露在公众视线中。这些揭露社会问题的视频和公共生活有着高度的接近性，受众的好奇心理、批判心理被激发，从而造成大面积网络围观的现象。

另外，这则视频采用竖屏拍摄，更符合手机用户的使用习惯；全篇没有解说词，节点解说用关键字；画面构图并不精美，但足以体现新闻的真实感。

2020-06-13 11:28 (245) 收藏

一手Video 千万拍客现场播报

热门评论

我爱披萨222（微博）
断绝关系
06-13 20:14 0 0

红樱桃大香蕉（微博）
对小女儿不公平
06-13 19:21 0 0

无缘怎解醉中意（微博）
这样的孩子就断绝关系吧！攒点钱过好自己的日子。
06-13 18:59 0 0

杜波Dennis（微博）
可怜天下父母心
06-13 18:54 0 0

黄色条纹小乌龟（微博）
那你这么大了，别花你爸妈的血汗钱啊！！！！
06-13 18:46 0 0

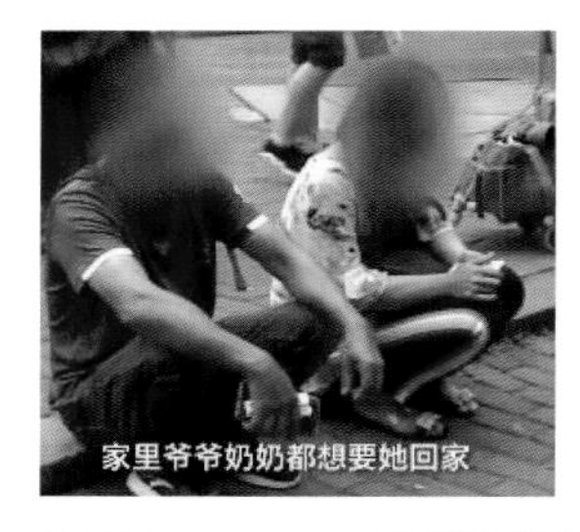

短视频的播放量、转发数、点赞数每天都在变化，笔者是在新闻发布当天分析这则案例的，当时这则短视频的点赞数并不是很多，但是随着时间的推移以及群众讨论的发酵，相信数据会不断攀升。

资讯类短视频是新闻型短视频的主要产品。新闻的重要性是选题质量的第一决定要素，而新闻的贴近性是赢得话语权的关键，时效性则是短视频热度提升的“催化剂”。

随着 5G 互联网技术的发展，随时随地制作和上传新闻让新闻的时效性更强，处于新闻现场的每个人通过一部手机即可以化身为“记者”。在强时效性面前，制作并不需要很精良，只要将来龙去脉表达清楚即可，这让喜欢分享、擅长分享的人找到了存在的价值感。

第五章

“网红 IP”型短视频

IP（intellectual property, 即知识产权，狭义指某人创造或者有权制作或贩卖的内容）是一个近几年才在国内兴起的词汇。知名科技自媒体人阑夕曾说过：“判断一个内容是不是 IP，只看一个标准：它能否凭自身的吸引力，挣脱单一平台的束缚，在多个平台上获得流量，进行分发。”

自媒体时代，催生了一批以短视频为专业生产内容的“网红”，如《暴走大事件》的王尼玛，自媒体视频脱口秀《罗辑思维》主讲人罗振宇，papi 酱等，他们是因为某个事件或某种行为而被网民关注、追捧从而迅速走红的人。依靠网络视频走红的因素包括颜值高、才华出众，甚至搞怪作秀能力强，等等。如今，各类网络视频层出不穷，“网红”的人气和关注度也随之上升到了顶峰。有数据统计，每 20 名普通网民中就有 3 个关注“网红”，尤其很多年轻人认为做“网红”是一份“低投入、无风险”就能实现名利双收的工作。人人都梦想成为“网红”，这也造成了“网红”关注基数的进一步上升。

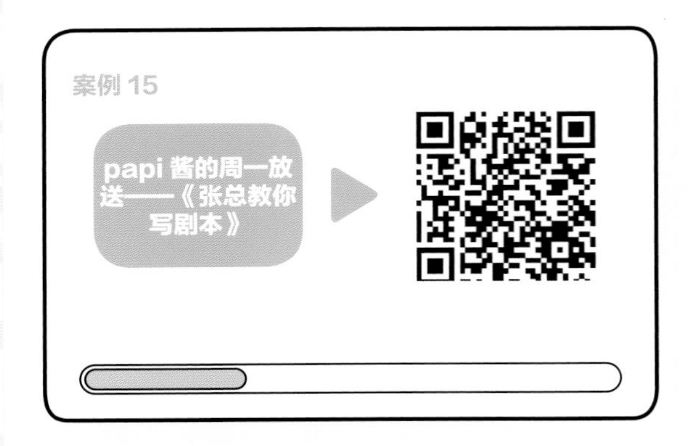

在互联网短视频领域，papi 酱是一个现象级的“网红”人物，堪称短视频“网红”第一代言人。她用自嘲与调侃的方式来解构当下的热点话题，其夸张、幽默的表达方式常常引人发笑。“我是 papi 酱，一个集美貌与才华于一身的女子！”这句经典的 slogan（口号）是她每一期短视频节目的结语，调侃的口吻在引人发笑的同时又被短视频的受众充分认同。

她在自己的视频作品里，经常会说出青年群体在现实中想说却又不敢说的话，并通过内容丰富、接地气的表演形式表现出来，非常容易引发受众的情感共鸣，受众看完之后往往有一种痛快感。在作品《张总教你写剧本》中，papi 酱一人分饰张总和编剧两个角色，以对话的形式讽刺了电影市场中的负面现象。

短视频开头，一个人正在悠闲地吃着饼干，这个时候传来画外音：

“喂，喂，你干啥呢？”

“我吃个下午茶。”

通过衣服、发型以及说话语气的差别，观众分辨出来，这个视频里其实是一人分饰张总和编剧两个角色。

接下来，导演开始教编剧改剧本，其中导演的几句话可以说非常有特色。视频通过“中国电影最不差的就是钱”“有大明星才有大排片，才有大粉丝，才有大票房”“只要请的明星够咖位，剧本根本无所谓”等讽刺以高票房为目的而忽略作品内涵的电影投资方，通过“观众想看的是劈腿、误会、堕胎、私奔、打架、小三”讽刺青春校园爱情电影中的烂俗剧情设定。

papi 酱短视频的画面拍摄在技术上相对比较简单，固定摄像机位，后期剪辑也很简单。其作品受欢迎的关键在于内容设计的别出心裁。

下面我们来看一下，这部短视频的拍摄脚本设计：

张总教你写剧本（三）

张总：喂，喂，你干啥呢？

编剧：我吃个下午茶。

张总：吃什么下午茶，给我过来改剧本！

编剧：张总，这都 36 稿了，大纲钱还没给呢。

张总：年轻人，格局要大，大纲钱算啥，下回给你署名。

编剧：这回不给呀？

张总：就你这破剧本？！

编剧：那您说吧，得改成啥样啊？

张总：你现在这个就是你的剧本，它缺了点，就是那个那个那个那个，它缺了点惊喜。

编剧：张总，咱这个剧本都磨了一年了，哪儿还有惊喜啊？

张总：你这个态度就不对，做编剧的能是这种态度吗？我问你，电影三要素，是啥？

编剧：电影有三要素？那是……剧本、导演、表演？

张总：错！电影三要素是，明星、粉丝、排片，记下！你想想，没有明星，哪里有票房？没有粉丝买票，哪里有票房？没有排片，哪里有票房？你就说你现在这个破剧本，哪个明星肯来演？没有明星，哪里来粉丝，哪里来排片，哪里来票房？

编剧：那张总，您说怎么办呀？

张总：我问你，你觉得好莱坞电影怎么样？

编剧：挺好的。

张总：哪里好？

编剧：哪里好？英语说得好。

张总：好莱坞，排场大呀，人家那电影，一看就是要搞个大场面，有了大场面，就有大制作、大格局、大票房，一定要炸裂，一定要大。

编剧：不过张总，咱们这个是青春校园爱情（题材），不太好搞大场面啊。

张总：哎呀，年轻人，要懂变通，青春、校园、爱情，观众想看的是什么？

首先，可以看出，选题和台词是脚本设计的关键。关于选题内容，首先要立足于热点，才能与观众无缝对接，第一时间抓住观众追逐热点的心理。《张总教你写剧本》其实就是抓住了电影市场上粗制滥造、剧情老套、只注重粉丝效应而忽视内涵的热点现象进行“吐槽”。

其次，短视频创作要扎根生活。脱离日常生活的短视频是很难真正获得观众的关注和引发共鸣的。只有在生活中不断地获取创作灵感，短视频内容才会拥有打动受众、输出价值的可能性。《张总教你写剧本》中张总和编剧这两个角色设定，让观众仿佛身临其境，papi 酱对他们对话的呈现绘声绘色，令人感同身受。

最后，在内容生产中通过生活场景再现的方式，传递和营销某种生活方式、文化理念，为消费者造梦，这是短视频的最高境界。

有了好的视频内容设计，台词也要贴近生活，且风趣幽默。从这个视频中可以看出，papi 酱的语言非常有自己的风格，对话以小短句为主，如“明星、粉丝、排片，记下！你想想，没有明星，哪里有票房？没有粉丝买票，哪里有票房？没有排片，哪里有票房？”好的内容加上好的台词，视频传播的效果就不会差。

传播效果分析

在传播模式上，papi 酱非常重视微博平台用户的黏性和短视频的广泛分享性。papi 酱与其他自营类媒体最大的不同之处在于，她在通过微博平台传播后，又开始将短文和视频广泛分享、发布在其他平台上，包括微信公众号、优酷、爱奇艺、腾讯微视频等，以产生全媒体的联动效应。通过平台的分享、发布去吸引拥有不同社交媒体使用偏好的粉丝。除此之外，papi 酱还十分注重粉丝群在不同社交平台之间的相互转化、推进，有计划地引领粉丝群体进行平台转移。

她在自己的每个视频结尾都加上了自己的微博账号和微信公众号，以进一步扩大粉丝群体。正是由于在内容和传播渠道上都做了精心的设计，这则视频的播放量超百万次。仅从“B 站”（www.bilibili.com）上的评论数和点赞量就可以窥见其受欢迎的程度。

截至 2019 年 9 月，papi 酱的个人微博粉丝数超过 3000 万，每一个视频的播放量都超过 10 万次，让人看到她身上的巨大商业价值。被炒至号称 2000 万元一条的短视频广告打开了品牌与消费者链接的新路径。 而事实上，相关数据显示，整个行业至少 50% 以上的短视频博主都没有实现收支平衡。

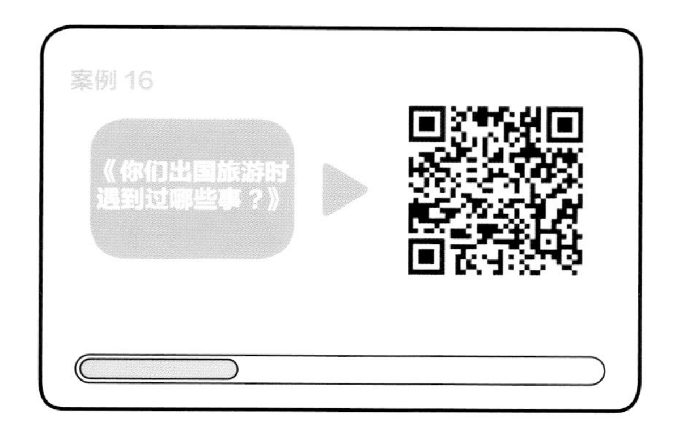

“多余和毛毛姐”是抖音上一位拥有 3000 多万粉丝的主播，其凭借搞笑夸张的表演，赢得了不少人的喜爱。视频中的主角“毛毛姐”，以极具喜剧感的反串表演吸引粉丝，夸张的妆容、个性的服饰、流利的贵州方言，通过表演调侃现实来传达出正确观念，引起受众共鸣，在抖音平台营造了正能量的氛围。“洋码头”移动客户端就看中了他传递正能量的特色，在其身上进一步进行挖掘，以求达到品牌宣传的目的。

首先在拍摄手法和制作上，案例 16 这部短片与传统的产品宣传片完全不同。设备普通，拍摄脚本也很简单，加上基础的剪辑，拍摄成本较低。

相对于设备的简陋，内容就显得“走心”许多。毛毛姐去国外旅游，和国内的三姐通电话。三姐希望毛毛能够代购一些东西，在这个过程中上演了各种尴尬的桥段。不难看出，这些桥段其实都来源于生活，既真实又窝心，台词说出了很多有同样经历的人的心声。

“吐槽”之后，毛毛姐痛定思痛，提出要三姐自己去洋码头上买。“海淘 9 年了，洋码头啊”“上面啥什么都有，比国内啊便宜一半”。就这样自然而然地衔接上品牌，传递出洋码头这个品牌成立年代已久、值得信赖的观点。另外，着重强调价格优势。短短几句话，不仅让更多的人认识了该平台，更让大家了解了其优势。这个视频是为中小企业量身定制的短视频，看起来不够光鲜却很接地气。这个视频在企业抖音上得到广泛传播，在企业抖音上观众点赞的次数接近 100 万，转发 9000 多次，评论 5.5 万条。

宣传型短视频，前期要做充分的调研，深入了解视频主体的特点和特性；有详细的宣传剧本和规划，抓住观众的“痛点”；拍摄的画面要尽可能生动地展示内容和细节；同时，短视频传播的渠道要更加多样化。

传播效果分析

得益于毛毛姐庞大的粉丝基数，这个视频在抖音平台上一经发布，就得到广泛的传播，抖音上观众点赞的次数接近 100 万，转发 9000 多次，评论 5.5 万。

第六章

“草根恶搞”型短视频

“草根”，也就是老百姓、群众，这类人由于数量众多，放在人群中似乎不太起眼。但是在这个互联网发达的造梦时代，任何人都有展示自己的机会，“草根”们更是以自己独特的方式，拍摄出极具个性的短视频，从而获得众多网友关注。

近年来，以快手为代表，大量的国内视频网站已经开始尝试借助短视频流行的风口，在社交网络或者新媒体上大量输出有趣的娱乐内容。段子、“恶搞”，这类短视频虽然一直存在社会争议性，但是在内容碎片化以及信息快速传播的今天，它们也为广大年轻网民提供了不少休闲娱乐和日常谈资。

“恶搞”，顾名思义就是恶意搞笑。在快手这个包容性极强的短视频平台上，输入“恶搞”两个字，会涌现众多的相关视频。带有“恶搞”字眼的短视频，俨然成了快手平台上占比最多的类型。

这类视频一般通过“恶搞”他人的小情景剧形式展现，中间穿插大量笑点，引起观众的关注。比如下面这个视频：视频的片头是一个非常贴近生活的场景，一位小兄弟正在看手机。突然从楼上掉下来一把伞，他抬头望了望：“干嘛呀？”楼上的人却笑而不语。

这个时候视频中突然出现一个盛满水的小盆，小兄弟说“有病啊”。当大家看到这里的时候，不禁多少有一点可怜这个小伙子，因为他有可能要面临“天降大雨”。不出所料，这盆水还是倒下来了。小兄弟随手拿起刚才掉落的伞，本以为是救命稻草，结果雨伞打开之后，更出人意料的情况出现了。

原来这是一把为了整蛊他而特别定制的伞！

传播效果分析

单从“草根恶搞”型短视频的内容来说，它的创意是具有可复制性的，要想找到原创出处不太容易。而对于绝大部分“草根”博主来讲，在视频没“火”之前，其可识别性都不强。有不少“草根”博主为了获取流量、“增粉”，更是不计后果地设计出一系列整人环节，这也让不少人发出质疑：“恶搞”视频的底线到底在哪里？

总体来讲，这类内容虽然可能离观众近，但是离广告方甚远。因此不少投资人认为“草根恶搞”型短视频并不具备商业潜力。

对于观众来说，这类型的短视频经常能在快手和抖音平台上看见，《天降暴雨》这条短视频在快手上获得的点赞量已达 3 万多次。

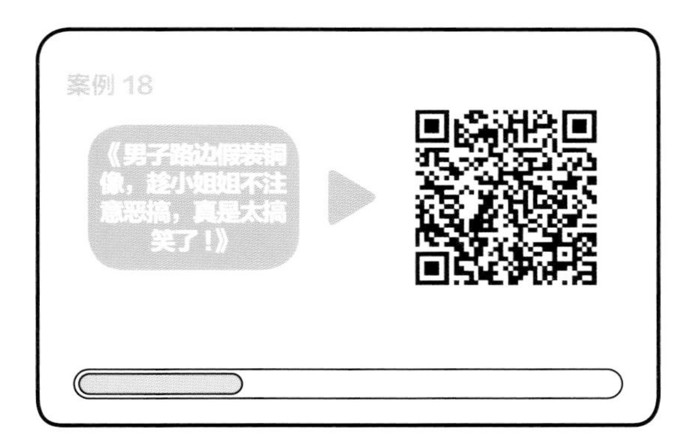

接下来这个例子是一则外国的街头“恶搞”短片。一位中年男子在街头把自己伪装成铜像，与街景融为一体。每当有行人路过时，他就趁其不备“活”过来吓唬路人。40 秒的短视频中共有 4 组路人经过，摄像机分别记录下了行人从惊吓到惊喜的过程。

这类视频能让观众产生浓厚兴趣，原因在于行人的反应非常真实。行人受惊吓、惊恐、惊喜等情绪反应，让观众的情绪也随之起伏。这类视频在国外很常见，还有专门的街头“恶搞”真人秀节目，也广受关注。

传播效果分析

案例 18 的这条视频在全网视频客户端传播，在秒拍、好看、爱奇艺、优酷等平台浏览量巨大。

根据 2020 年 4 月 8 日中国互联网络信息中心 (CNNIC) 在北京正式发布的第 45 次《中国互联网络发展状况统计报告》，从网民属性结构来看，20~29 岁、30~39 岁网民占比分别为 21.5%、20.8%。年轻群体是互联网使用的主力军，“恶搞”类短视频满足了用户看热闹和舒解压力的精神需求，因此在某种程度上成为短视频的一种类型。

其实，无论是快手、抖音还是其他平台，恶搞类短视频都有一种低俗的特征，尤其是随着社会压力的逐渐增大，不少人没有太多时间和精力去接受和消化更高层次的“精英文化”，渐渐对“精英文化”感到厌倦，与高雅艺术之间难以产生共鸣。在一些普通受众眼中，“精英文化”缺乏生活的“真实”，他们无法在接受的过程中获得存在感。相反，接地气的恶搞类短视频更能满足他们的猎奇心理，或使他们从观看中获得一种心理放松。

纵观恶搞类短视频在全网的传播特性，有些内容为了提高点击率和播放率而戏谑现实社会中的公众议题，呈现出拜金主义、享乐主义等不良价值观，不仅可能导致青少年法治意识淡薄、缺乏荣辱观，还可能误导年轻一代的价值观，使其满足于低级趣味，在娱乐中丧失进取心。部分短视频博主在街头紧跟路人拍摄甚至骚扰，是涉嫌违法的行为。因此，视频拍摄者需要把握尺度，平台也需要加强监管。

第七章

情景短剧类短视频

情景短剧类短视频也是近几年市场上常见的短视频，种类繁多。《套路砖家》《陈翔六点半》《报告老板》《万万没想到》等节目制作的短视频内容大多都偏向于此类表现形式。这类视频短剧内容多以搞笑、创意为主，在移动互联网上传播非常广泛。

《陈翔六点半》是由陈翔执导、活跃于多个短视频平台的另类爆笑迷你剧，其系列短视频融合了传统电视剧的元素和拍摄方式，以夸张幽默的情节向观众讲述了现实生活中无处不在的“奇葩”故事。与此同时，其制作精良，风趣幽默，具有鲜明的网络特点。

下面我们选择一个短剧进行分析。

隔壁老王的另类教育

1. 楼下车边（日外）

一个小孩用石头划茅台的车。

茅台（拉住小孩）：诶，小子别跑。干吗呢，干吗呢？(按在车上）为什么要划我的车？你是不是喝大了？

小孩：妈妈！

茅台：怎么教育你的，你们家长、你们老师怎么教育你的？

妈妈过来抢过儿子。

妈妈：儿子，儿子怎么了？

茅台：你看看，你们家孩子把我车划了，从头到尾那么大一条怎么办？

妈妈：哎呀算了吧，小孩他懂什么呀，多大点车呀，就是一辆破车，这有什么呀？

妈妈拉着小孩走了，茅台气鼓鼓地望着。

茅台：那还是我的不是了?!

2. 租房门口（日内）

茅台狠狠地敲门。

妈妈悠闲地开了门。

妈妈：怎么了先生？

茅台：你们家孩子踢球，又把我们家玻璃弄碎了。

妈妈：哎呀，太麻烦了，大老远的还让您专门送球，谢谢啊。儿子啊，宝贝快来。你看！

儿子：谢谢叔叔。（拿了球就走）

妈妈要关门，茅台拦住。

茅台：等会儿。这孩子犯错了也不教训一下？你怎么做家长的？

妈妈：那么小的孩子懂什么呀？哎我跟你说，千万不能打孩子，打孩子不是最好的教育方法，反正我呀肯定不会打我们家孩子。

说完把门关上。

茅台不由愣在那儿片刻。

随后茅台转身，在空中比划，假装掐住小孩的肚子，狠狠扇他耳光。

3. 路边（日外）

小孩坐在栏杆上，泡泡枪没水了。

茅台跑步经过。

茅台倒回来坐到小孩身边。

茅台：哎呀，这泡泡枪没有泡泡水了嘛。

小孩：嗯。

茅台：哎呀，我倒是知道泡泡水的配方。

小孩：快告诉我快告诉我。

茅台：你想啊，这泡泡的颜色是不是五颜六色的啊？

小孩：是啊。

茅台：你回去啊，用个盆，装上一些水，把你妈的所有化妆品全部倒进去，倒的越多，泡泡的颜色越漂亮，然后你就用筷子搅啊，搅啊，搅着搅着就成了。记住了吗？

小孩：记住了。

茅台：好兄弟来击个掌！

两人击掌。

茅台/小孩：耶！

茅台看着小孩离开，眼里充满了幻想。

4. 租房门口（日内）

妈妈教训孩子的声音，小孩的哭声。

妈妈（画外音）：我让你不听话，我让你乱来，（茅台从门口看到妈妈追着小孩打）你再跑，你再跑，你给我回来，我一万多的化妆品就这么没有了，啊你上哪儿去给我生新的呀，打死你！

小孩：妈妈，我再也不敢了……

茅台靠在门边欢快地跳舞，配上花儿乐队的歌：就这个 feel 倍儿爽……

在这个时长1分多钟的短视频里，创作团队快速地运用3个场景4段剧情，述说了一个完整的故事。该短片4段内容表达了同一个主题：生活中有形形色色的人，面对“熊孩子”“熊家长”的时候，应该怎么办？虽然视频时长较短，但是我们不难看出，该视频内容丰富，主题突出，整体氛围轻松幽默。这种家庭幽默录像式的小情景短剧能够很好地让广大观众在最短的时间内获得解压、放松、快乐的观感。

短片全部采用高清实景拍摄，力求将每一集的重点都淋漓尽致地表现出来。在后期声音制作上，通过特殊处理而使其区别于其他传统的喜剧影视作品，增加了许多喜剧色彩，形成了独特的个性化风格。

传播效果分析

《陈翔六点半》短视频更新速度快，视频上传至美拍、秒拍、快手、微信公众号、微视等多个短视频传播平台，目前粉丝数量高达3000万。该条视频在公众号一经发布，播放量就超过10万，网友讨论热烈。

162
想起了前两天小孩子电梯恶作剧的报道，站在为人父母不能很好地教育孩子，孩子犯了无法挽回的错误，是该怜悯孩子，还是家长承担，喜欢六点半用幽默的方式道出问题的根源

136
复仇成功

124
反正我是不会打孩子的

116
小伙子，不错哦

106
哈哈哈 这智商也没谁了

105
66666_ 实力打脸

情景剧类短视频其实也是一部微电影，“决定微电影成功与否的关键，则在于其创意结构与创新剪辑。创意结构与创新剪辑能够创摄出更具时代特色、时代风骨、时代气息的影视艺术作品，而且能够以微电影的创意与创新反哺影视艺术，为影视艺术的发展作出更加有益的研究与探索”。

最近几年，内容即广告的短视频营销模式逐渐成为各大品牌广告主青睐的广告形式：虽是广告，却更多以温暖、动人的故事为视角切入，不似传统意义上的广告那般简单粗暴。

这是“999 感冒灵”推出的感恩节主题短片，选取了真人事件进行改编，以一条故事主线串联了 5 个支线故事。“反转”前的故事文案竭尽全力地渲染生活冷漠的一面：世界上没有一个人会那么在意你的价值观和感受，没有一个人会那么在乎你的生活和境遇，人心冷漠的现实世界里，每个人都冷得无处可逃。当受众的情绪被冷漠的空间占领，“反转”后的温暖才显得弥足珍贵。

拒绝卖杂志的大叔是为了有效地阻止小偷的动作。

拍下醉酒女孩照片的男子是为了向民警告知其具体情况。

拦路的交警帮车主盖上了一个有着重大安全隐患的汽车油箱盖。

关上的电梯门被再次打开。

外表凶悍的车主其实嘴硬心软，巧妙地化解了双方的冲突。

这个平凡的世界没有我们想象中的那么好，但似乎也没那么糟。

视频结尾出现的广告词“999 感冒灵，致生活中那些平凡的小温暖”，点出付出关心和善意的陌生人其实也是这个平凡的世界上偷偷地爱着你的那些人这一温暖主题。

腾讯视频

999 感冒灵　致生活中那些平凡的小温暖

短视频广告的内容营销与我们传统的硬广告营销有着本质的区别，消费者在观看的过程中，会将短视频当作内容来看，从而产生更深的视觉卷入感和更强烈的情绪反应。所以，我们在策划、创作短视频广告的时候，如何将短视频的内容与广告主的品牌进行恰到好处的结合，就显得至关重要。

这则短视频广告就采用了对比的手法，一开始把矛盾真实地呈现出来，有了寒冷的对比，才会让观众觉得更温暖，从而把“999 感冒灵”温暖每一个陌生人的理念传递出来。在整个短片中没有广告品牌显示，直到最后一刻才出现品牌名称，烘托主题。这种处理方式巧妙地避免了突兀出现的商品画面，破坏故事的流畅度和观众的体验感，这也是这条广告能够成为年度优秀短视频广告的主要原因。

当然，除了打情感牌，还可以打造一些“脑洞大开”的创意短片。有创意的设计都是不到最后一刻，受众根本无法猜到结局，也不会发现这是一条广告，不会被突兀地出现在短视频故事中的品牌破坏用户体验。

传播效果分析

《有人偷偷爱着你》短视频以情景剧的形式，通过情感传播，使受众产生共鸣，故事中融合 999 感冒灵的品牌理念，强化三九医药的企业文化，让受众在最短的时间内接受品牌、认可品牌。2017 年感恩节，这则时长 4 分 26 秒的《有人偷偷爱着你》全网点击量破 2 亿。在移动终端上通过微信、微博、短视频 App 等形式疯狂刷屏。该广告上线一周播放量即超 1.5 亿，评论量超 700 万，逾 60 位 KOL（网络意见领袖）转载。该广告短片也获得 2017 中国内容营销大奖金奖。不少人在网站上留言，称赞这支广告片是“年度最感人的广告”“最走心的广告”，“冬天太冷了，这支广告片却暖了心窝”。

2017年度国产催泪短片:总有人偷偷爱着你...

2018年4月16日 - ...有人偷偷爱着你》短片的剧情设计很是巧妙它先一针针刺痛你的心然后再慢慢地、温柔地治愈你每个 更多 2017年度国产催泪短片:总有人偷偷爱着你...

www.360kuai.com/pc/9ecc51afd439fe53c? - 快照

999感冒灵感恩节一支暖心短片《有人偷偷爱着你》 - 数英

《有人偷偷爱着你》 不知从何时开始,我们仿佛得了一场重病,症状为主动向负能量靠拢,在应该面对时选择了逃避,在该坚持的时候选择了放弃,就因为听信了诸如逃避可耻但有用...

www.digitaling.com/projects/24094.html - 快照

年度走心广告:总有人偷偷爱着你

2017年11月24日 - 年度走心广告:总有人偷偷爱着你 来自:4A广告文案精选 ID:aaaacopys 大概是冬天太冷了 所以又有一支广告片来暖心窝子了 但这次有点特殊 我觉...

www.sohu.com/a/206434996_103475 - 快照 - 搜狐

情景剧类短视频可以看做一部微电影，而决定微电影成功与否的关键，在于其创意结构与创新剪辑。创意结构与创新剪辑能够创摄出更具时代特色、时代风骨、时代气息的影视艺术作品，而且能够以微电影的创意与创新反哺影视艺术，为影视艺术的发展做出更加有益的研究与探索。

第八章

技能分享型短视频

随着短视频的网络热度不断提升，技能分享型短视频也在网络上逐渐传播开来。这类视频的剧本在内容上非常多元，如分享生活小妙招、摄影技巧、手工技巧、舞蹈技巧等。总之，观赏这类短视频既能消遣娱乐，又能学习知识，这也是这类视频受到追捧的原因。

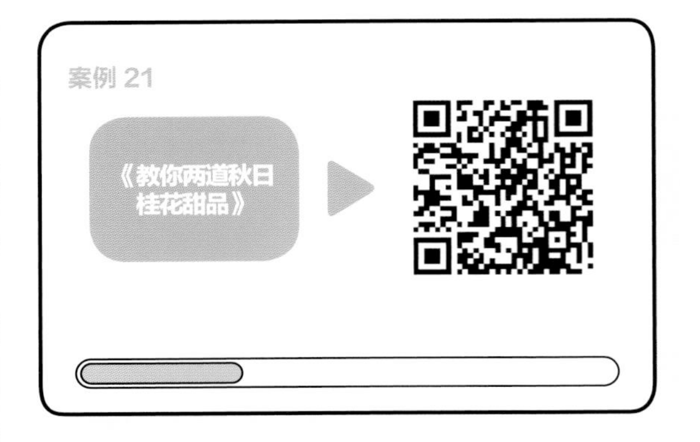

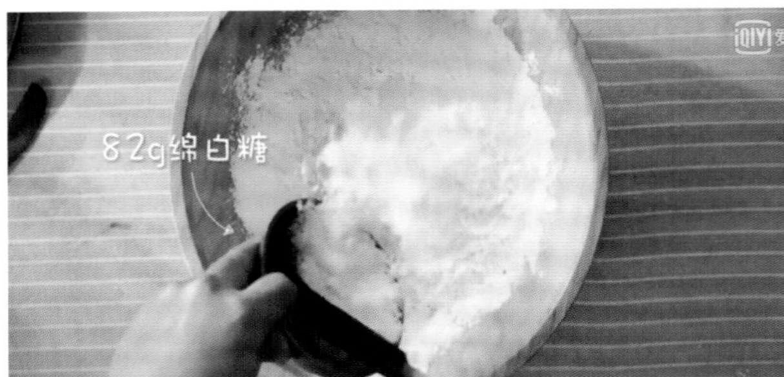

《教你两道秋日桂花甜品》是技能分享型短视频中制作精良的代表。短短 4 分钟，却拥有完整的故事脚本，从光线的运用、画面的剪辑、色调与氛围的搭配乃至背景音乐都穿插得恰到好处，这也是其制作团队精心打磨后的成果。

《教你两道秋日桂花甜品》这个短视频发布在一个名叫“日食记”的微博上。“日食记”在微博平台上具有一定的影响力，该公司品牌下的视频栏目在微博、土豆、优酷等网络平台上累计播放量达 50 亿，且粉丝群体规模仍在不断扩大。该公司在拍摄角度上独辟蹊径，拍摄了一系列治愈观众脾胃和心灵的短视频。

从视频画面来看，一帧一画呈现出来的东西都是干净简洁且用心的。全片没有一句台词，却通过画面和背景音乐以及简单的字幕教大家如何在满园桂花香的秋季，利用好大自然的恩赐，制作两道与桂花有关的美食。

“日食记”的成功并不是偶然的。首先在美食领域深耕挖掘，其次精准锁定志趣相投的目标受众，最后选取专业化的制作团队，三者相加、强强联手，最终使它在鱼龙混杂的短视频领域里脱颖而出。

在视频中，对美食的探索展现了创作者对生活品质的追求。拍摄工具的严谨选择，拍摄过程的认真态度，以及每个画面的精密衔接，都值得研究和学习。

《教你两道秋日桂花甜品》拍摄脚本鉴赏分析

场景	画面	景别	音乐	字幕
室外	秋日风光、树、柴犬、人与自然和谐相处、给树浇水、风铃随风晃动	近景、特写、意境镜头	Home for the Season	
	狗狗可爱乖巧的样子	同上		等桂花开 就能吃到甜品
	做好的成品	同上		蜂蜜桂花炖奶、 桂花糕
室内	食材	全景		158g 清水、 30g 猪油、 225g 粘米粉、165g 糯米粉、82g 绵白糖
	操作的过程	近景、特写（俯拍、正面），注意美感和动作的连贯		将猪油、粘米粉和糯米粉倒入清水，搅拌一下， 搓成沙子状， 过筛，得到细腻粉末备用； 蒸湿笼布， 倒入木质的容器中 筛好的粉料， 轻轻抖动， 使表面平整， 再加入干桂花碎，原气蒸 30 分钟
	乖巧、安静的猫	近景，特写猫的眼神		天猫精灵，还有多久才能好
	桂花糕成品出炉	移动镜头		
	按步骤调制蘸料， 掰开成品	同上		
	猫舔舌头	同上		再来做个蜂蜜桂花炖奶
	操作的过程	近景，特写（俯拍、正面），注意美感和动作的连贯		蛋清和蛋黄分离， 蛋清备用， 120g 牛奶与蛋清混合均匀， 筛至小碗中， 盖上保鲜膜， 蒸时表面更嫩滑， 原气蒸 12 分钟， 再闷 2—3 分钟
	猫守护陪伴	同上		放凉了才好吃
	淋汁、用勺子盛	特写		完成
	人物试吃、收拾厨房、桂花泡水、一片岁月静好的景象、手机操控除味蒸箱	近景 特写嘴部和手部动作		
	柴犬 飘零的树叶 代表时光流转的手办	意境镜头		世界太多事物都是转瞬即逝，桂花飘香时，多停留片刻吧

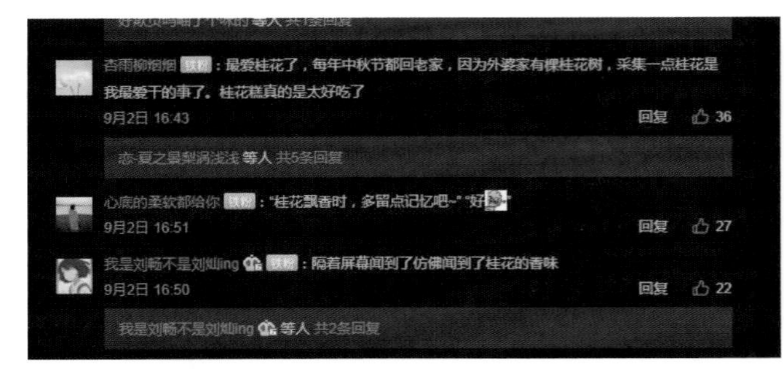

传播效果分析

该视频的分发渠道值得探究。“短视频多平台分发更容易形成品牌规模效应，但如果只是一味地扩大平台资源，而不结合自身的产品特点和品牌特性，沦为追逐流量的附庸，很容易在内容营销的分发环节，被同类型的短视频栏目吸引注意力，甚至直接被取代，流失已有的部分用户，淹没在流量的巨浪之中。”“日食记”并不是单纯地追求播放量，而是在发展过程中静下心来思考如何做好自己的内容，并根据内容特性和平台用户群，有针对性地选择在微博、微信、优酷、土豆等平台去积累粉丝。他们更加注重用户的前期沉淀和后期稳定，只要保证了用户不流失，流量和盈利只是时间早晚的问题。

这则短视频在微博上获得点赞接近 6 万次，与网民互动性极强。

众多的技能分享型短视频中，知识科普类短视频越来越受到欢迎，这些短视频有的能令人惊叹称奇，有的能给人带来视觉享受，最主要的是可以激发人们的好奇心和求知欲。以《网络热门生物鉴定》为例，知识科普类短视频的传播模式，适应和满足了用户碎片化、即时性的使用视频和学习知识的需求，首先来看一下文本。

叙述文本：

鉴定一下最近网上热门的生物视频，这是鳐鱼的幼体，注意看它腹鳍有点像个小腿儿，可以帮助运动。有些鳐鱼更夸张，像无刺鳐属的，完全就是两条腿，末端还有几个脚趾头一样的凸起，适合在海底挖沙子，把自己藏在里边。

这个叫麝雉，南美洲的，它生活在雨林的树上。树下边呢，经常闹洪水，所以它游泳不错。它消化系统特殊，导致经常从里往外地泛臭味儿，所以叫麝雉。但还有个著名的点，就是小时候翅膀上带爪子，而且还能用来爬树。之前有人认为啊，这证明它跟恐龙关系很近，但是今天一般认为这个说明不了什么。咱们中国河边常见的黑水鸡、骨顶鸡，幼鸟翅膀就有明显的爪子。这个是鸵鸟，成年之后，翅膀还有两个大爪子，但是被羽毛盖住了，一般看不到。甭说别的，就咱们吃的鸡翅尖儿，你下回观察也有爪子。因为现在已经确认鸟类就是恐龙的一支，是唯一存活至今的一支恐龙家族，所以有爪子并不奇怪。

这也是个老视频了，在巴厘岛拍的，拉丁文学名叫 Melibe viridis，好像没有正式中文名，一般国内叫他大嘴海蛞蝓，网上说它左右长了十条腿，其实那不是腿，是它的腮。它在海底一边爬一边用这个大嘴搂，搂着啥是啥。这是日本新江之岛水族馆养的，它逮着一只虾，然后把嘴里的水排出去，把虾慢慢就给吃了。

网传视频原声：想不想要行大运发大财，老铁们，这是，这是，（啪……噗……）观音……观音……（磕巴）

这是石笔海胆！我快死了我，这种海胆刺儿特别粗，一点儿都不扎人。中国呢，是南海才有的。这么全须全尾的，一般是拖网拖上来的，或者是潜水抓的，沙滩上只能捡到一些碎刺儿，这是我之前在西沙海滩上捡到的，而且只有布满碎珊瑚的白色沙滩上才有。

网传视频原声：我隔着老远啊，就看到这个浪花拍打的一个海莲花，然后走近一看，把这海莲花挖起来了。果然是如此的美丽如此的漂亮，我的妈妈嘞。

所以这肯定是他自己埋的，这种沙滩不可能有石笔海胆，他这样做就是为了——

网传视频原声：点个赞，来，加个关注，看我赶海直播喽～

这个虫子我小时候第一次看到的时候非常疑惑，我还把它画到本上，是 1999 年，我小学那会儿就记录它，身体像蝉一样，翅膀的形状像蛾子一样，但是又是透明的，整个非常小，只有指甲盖儿那么大。一开始我写的是不知名，后来以为是桑木虱，等长大了才知道这个叫透翅疏广腊蝉，是广翅腊蝉科的，是蝉的亲戚，但是不会像蝉一样叫。广翅腊蝉，南方北方都有很多种，翅膀上什么花纹的都有。

最后到了大家最喜欢的水猴子时间了，这是南美洲的二趾树懒，平时倒挂在树上，偶尔下地拉泡屎，过个马路就成水猴子了。这是三趾树懒，也是老被当成水猴子。就是它。万物皆可水猴子，这只牛蛙因为眼睛旁边的水有点儿反光，也被当成水猴子了，合着我以前吃的是干锅水猴、馋嘴猴。其实我以前考证过，水猴传说很可能来源于古代的无支祁水猿传说、民间的水鬼拿替身传说，还有一次超大规模谣言事件——毛人水怪事件，尤其很多人的亲戚声称自己亲眼见过水猴子，很可能就跟毛人水怪事件有关。我在豆瓣上有一个音频课，叫《花鸟鱼虫的生活意见》，第57节专门说的就是水猴子，这堂课在知乎上也有，叫《博物君的10万个是什么》，里边是我这些年做科普，大家问我最多的一些问题，做了一个集中的解答。一节课侃个十几分钟，有兴趣可以听一听。今天就到这儿，下次我攒够一波视频，再给大家鉴定网络热传的生物。

从以上脚本不难看出，“无穷小亮”是视频的主要叙事者，其对话类型分为两种：

首先，最主要的内容是创作者自己叙述，例如：“这是鳐鱼的幼体，注意看他腹鳍有点儿像个小腿儿……”“这个虫子我小时候第一次看到的时候非常的疑惑，我还把它画到本上”，他可以做到一视频一阐释，并有选择地进行评论。

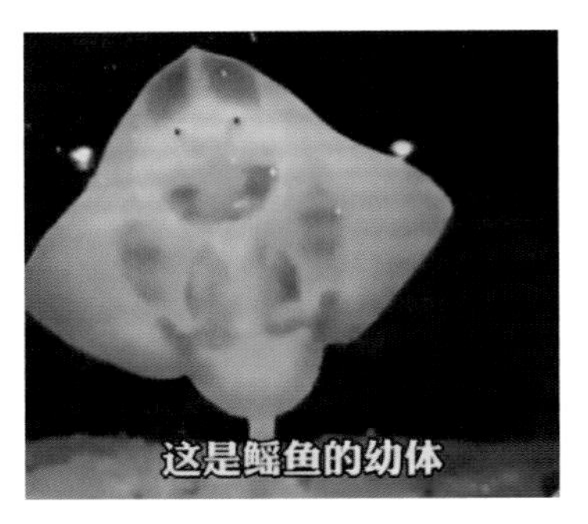

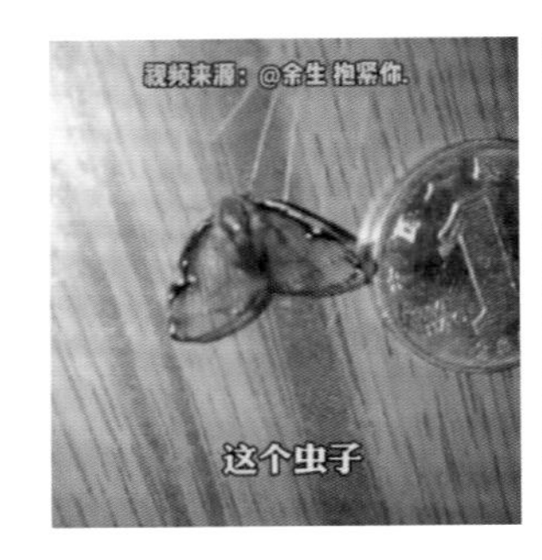

其次，与其他叙事者进行跨时空对话。如视频中截取的网传视频片段中，有人说：“想不想要行大运发大财，老铁们，这是，这是观音……观音……”而无穷小亮打断道：“这是石笔海胆！”在这里，问者与答者并不在同一时空，但制作者通过剪辑，突破了时间与空间的壁垒。两位叙事者之间的“对话”使得整个视频避免了平铺直叙，使科普、辟谣有更鲜活的现场感。这就容易营造出情节紧凑、富有节奏感的叙事氛围。

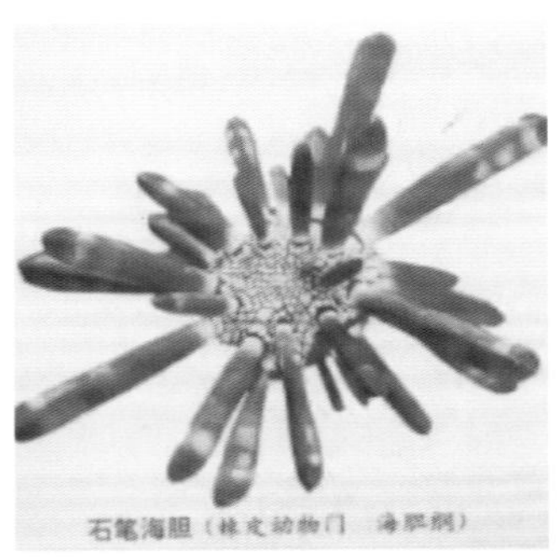

另外，在画面上，他将多个网络热传的生物视频集中剪辑在一起，比如说在这一期中，就对鳐鱼、麝雉、石笔海胆、透翅疏广腊蝉、树懒共5种生物进行介绍，快速切换，上一种生物的讲解画面过后马上进入下一个。新的画面与音效及时出现，能够避免受众注意力分散。

该账号吸引观众的另一大原因就是博主的专业性和知识渠道的多样化。在对网络热传谣言的辟谣过程中，出现了翻阅的资料、书籍，博主的知识储备（手绘），古代雕塑，动画形象，使得整期视频既充实、可信度高，又具有趣味性，这正是很多科普类短视频没有做到的。

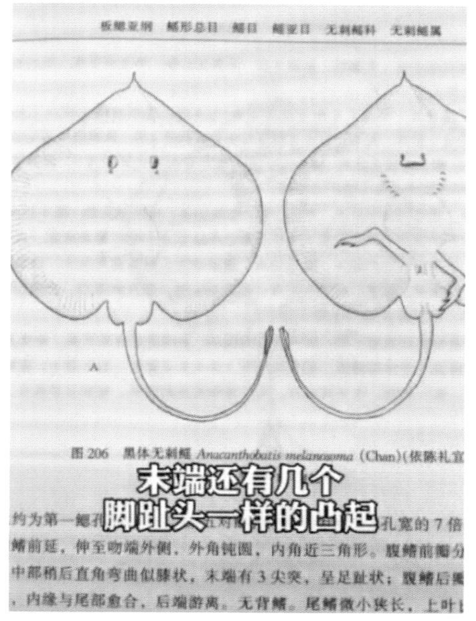

板鳃亚纲 鳐形总目 鳐目 鳐亚目 无刺鳐科 无刺鳐属

图 206 黑体无刺鳐 *Anacanthobatis melanosoma* (Chan)(依陈礼宜

约为第一鳃孔……孔宽的 7 倍
鳍前延，伸至吻端外侧，外角钝圆，内角近三角形。腹鳍前瓣分
中部稍后直角弯曲似膝状，末端有 3 尖突，呈足趾状；腹鳍后瓣
，内缘与尾部愈合，后端游离。无背鳍。尾鳍微小狭长，上叶比

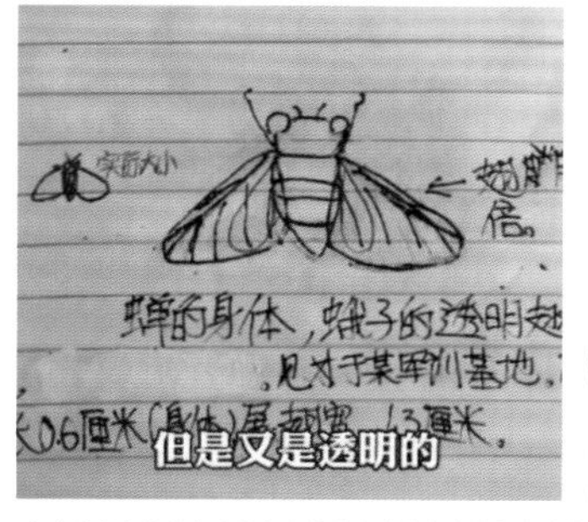

在节奏的把握上，这则短视频一共不足 4 分钟，讲了 5 种生物，平均介绍每种用时 40 秒左右。3~5 分钟是一则科普短视频最合适的时长，短了说不清楚，长了让人看不下去。他并没有选择把 5 种生物拆开分成 5 条来讲，这样更有利于他将幽默的叙述风格连贯起来，不至于过于破碎。辅以音效，使整个视频节奏紧凑。

传播效果分析

“无穷小亮”本名张辰亮，是《中国国家地理》杂志社青春版《博物》副主编，中国国家地理融媒体中心主任，科普作者。他在全国十多个省调查昆虫及其他生物资源，积累了丰富的野外经验，采集制作了上千个昆虫标本。他在抖音、哔哩哔哩（bilibili，也称 B 站）、小红书等多平台开通了“无穷小亮的科普日常”账号，全网粉丝超 3500 万。他依靠自己强大的知识面打造了个人 IP 系列的科普知识短视频，获得大家的喜爱，这则短视频抖音上点赞超过 34.3 万，评论区 1.4 万评论，收藏加转发近万次，他会耐心积极地回复评论中提出的问题，很多人为他精益求精的科普态度点赞。目前“亮记生物鉴定”系列短视频在 B 站已经更新到 49 集，其中第 29 集的播放量最高，目前已达到 1320 万。

第九章

街头采访型短视频

街头采访是目前短视频的热门内容和表现形式之一，代表作有《拜托啦学妹》《学弟帮帮我》等，其视频制作流程简单，话题性强，深受大学生以及其他都市年轻群体的喜爱。

在各大搜索引擎上，随便输入“街头采访”几个字，蹦出来的都是一些看起来比较有意思的话题，有社会热点、婆媳关系、两性关系。一些在传统的采访中被认为“不便提”的问题，在互联网上都可以放开地谈，并且观众可以在视频中看到被采访者对问题的真实反应，这也成为视频观看者的一大兴趣点。

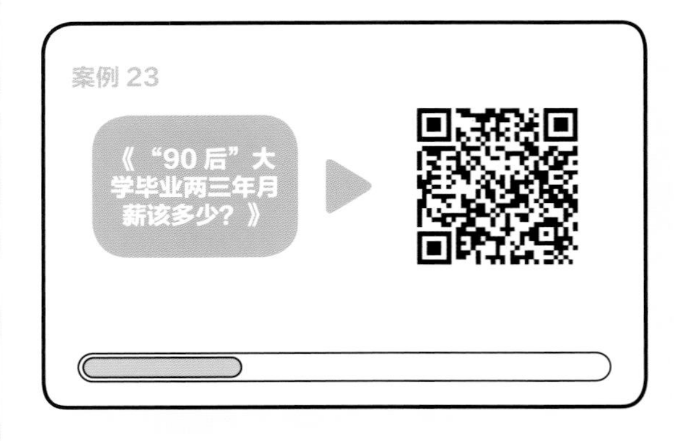

街头采访型短视频作为比较热门的短视频形式，依靠其简单的制作流程和强话题性被许多采用 UGC 模式的平台青睐，而话题策划精准一直是街头采访类短视频“刷街”的首要条件。

关于“90 后”的月薪和存款问题，这群受访者的回答引人深思。家庭条件不同的孩子，对于收入和存款也存在不同的标准和认知。

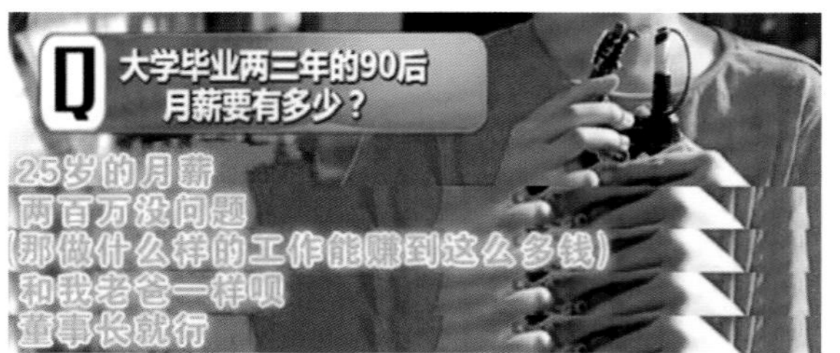

当然，孩子们只是有话直说，没想过伤害别人，但从中我们也需要认识到更多的问题。

首先，街头采访的话题选择一定要有争议性，这样才能收获不同的声音，这也是更多“语录爆点”产生的先决条件。

其次，问题的设置一定要言简意赅，紧扣主题。问题不能太长，不能让人听了半天听不出来问的是什么。类似于“‘90 后’大学毕业两三年月薪该多少”，十几个字算是合适的长度，理解起来也比较容易，适合各类人群，即使是小朋友理解起来也没有障碍。

最后，街头采访中最出彩也最可遇不可求的就是“神回复”。这些采访对象无意间抛出的“梗”能够为视频增色不少。

因此，为了提高视频的可看性，在选择受访对象的时候，我们可以根据不同的穿着打扮与气质选取多样化的采访对象，这样就有可能得到多种维度的答案。当然也不是每次都能遇到“段子手”，要珍惜并学会找到这样的机会。

传播效果分析

这一街头采访视频是在电视栏目《小不点嘚吧嘚》中出现的，同时也在其他的视频网站上线，实现了大范围的网络传播。

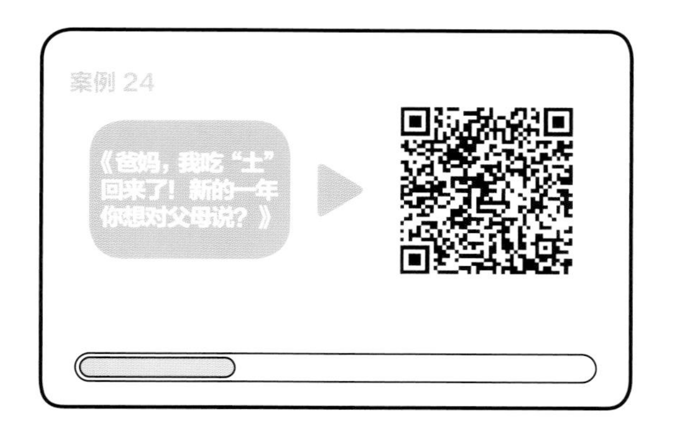

由于街头采访的受众本身具有不确定性，所以主题门槛越低，能够参与的人就越多，视频覆盖的人群也会越广。《爸妈，我吃“土”回来了！新的一年你想对父母说？》这则视频抓住了新年这个时间节点，受众参与感极强。

纵观视频中的这些回答，涉及众多社会热点，譬如年夜饭、相亲、催婚、红包、生活费、亲情等；同时，这些热点性的内容有话题性，有正面、积极的导向作用，比较容易获得平台的推荐，也能够迅速引发人们的共鸣。

要拍出节奏感强、有吸引力的采访视频，视频博主在初期很有可能会雇用部分群众演员，给演员写的台本要围绕社会热点和想要呈现的效果来设计；同时，受访演员不能背稿，他所呈现的内容一定是经过自己理解、用自己的话表达出来的。

这里再分享一个做得比较出彩的街头采访栏目。糗事，是指令人尴尬，却又无可奈何的事情。“白领”、学生流行网上晒糗事，这些糗事在现实生活中或许无从开口，但在短视频中，网友可以自然地“晒”出来，追求一种自嘲的趣味。例如“糗事百科”这个笑话网站，其视频栏目“糗百大调查”就是用视频形式呈现各种热点话题，在年轻人中十分流行。

第十章

创意剪辑型短视频

创意剪辑型短视频是指利用剪辑和影视特效技术，辅以优秀的创意，制作出或精美或震撼或搞笑的短视频内容，有的还加入解说和评论等元素，成为短视频内容输出的重要组成部分。这种类别因其内容自带创意，日益成为新媒体原生广告的热门选择。

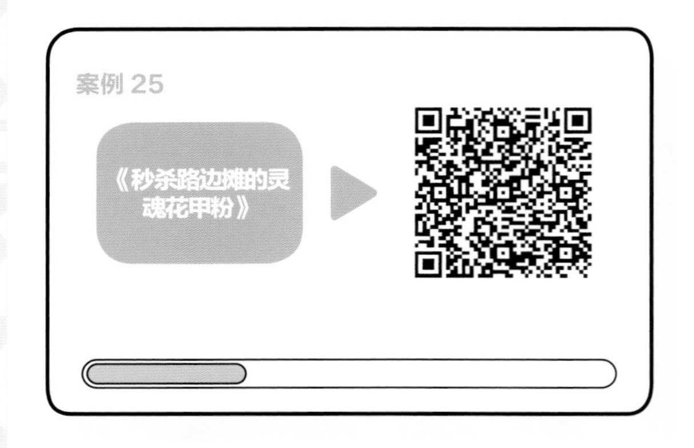

纯粹教做菜的视频很容易让人产生审美疲劳，但如果把美食和故事相结合，在讲故事的同时教大家做一道美食，这就是有故事的美食视频。观众从别人的情感故事中得到了满足，又学到了美食知识，岂不美哉？

在这一期的视频里，编导有意识地设计了一个故事情节：一群年逾花甲的老年乐手在街头自娱自乐地弹奏，厨师看到后心有所动，触发灵感，于是就有了做一道锡纸花甲粉的想法——花甲既是一种食材，也是年龄的象征。

《秒杀路边摊的灵魂花甲粉》拍摄脚本鉴赏分析

场景	画面	景别	同期声	字幕
室外	树、阳光、骑自行车的人物背景	全景、特写	环境音、鸟鸣、车铃声	趁下午有空，买点食材去
大爷家门口	交代人物工作环境，大爷和老友们在门口摆弄乐器	人物近景、手部特写、环境全景	调试乐器的环境音	小广东，70 岁，乐器维修师
美好的邂逅	人物蹬脚踏车经过，驻足，被声音吸引，用手机照相		蹬脚踏车的环境音、弹奏乐器的声音	
	成品花甲粉		怀旧音乐	乐队的花甲粉
	食材的组合	全景		蟹味菇、粉丝一捆、基围虾 6 只、花甲半斤、小米椒、洋葱、蒜、葱
	操作的过程，每一步详细记录	近景，特写（俯拍、正面）注意美感和动作的连贯		字幕配合操作步骤进行讲解
	花猫等待和主人玩耍，时间的消逝，光影变换	中景、近景		陪我玩一会儿
	姜老刀翻看手机里的照片，一张张回忆光阴的故事，尘封的架子鼓和吉他	眼神近景、手机特写		
	猫站直，期待			想象一下锡纸里面现在什么场景

场景	画面	景别	同期声	字幕
	花甲张开 沸煮的冒泡的食材 调味，放作料	慢镜头	环境音	
	成品花甲粉	移动镜头、特写		花甲粉完成
	手机拍摄花甲粉，和朋友聊天，窗外飞驰的城市轻轨，手机播放音乐		环境音	
餐桌前	4 名年轻人谈笑、吃花甲粉	全景、中景、近景、特写、镜头成组	Lovely Afternoon	
室内一角 / 夜晚	年轻人尽情弹唱乐器、			鲜味写进旋律，即使在老去，却仍是此间的少年
	4 位老年人弹唱 交叉剪辑			
	用手机拍照，打印照片，把照片贴在墙上，黄昏时的天空， 美好的生活瞬间照片合集……			谢谢你帮我留住瞬间 每一个画面都将普通生活中难忘的回忆变得娓娓道来
	黑屏			心里的话、用影像说（照片来自华为 P30 系列作品甄姬活动）

传播效果分析

这部短视频，可谓具备三重功效：广告宣传，故事讲述，以及美食分享。似一杯红酒，甘甜又令人沉醉，这就是视频内容设计的巧妙之处。这条短视频在微博上获得点赞 10 万多次，转发近万次，评论区的赞美更是体现了观众对视频内容的喜爱。

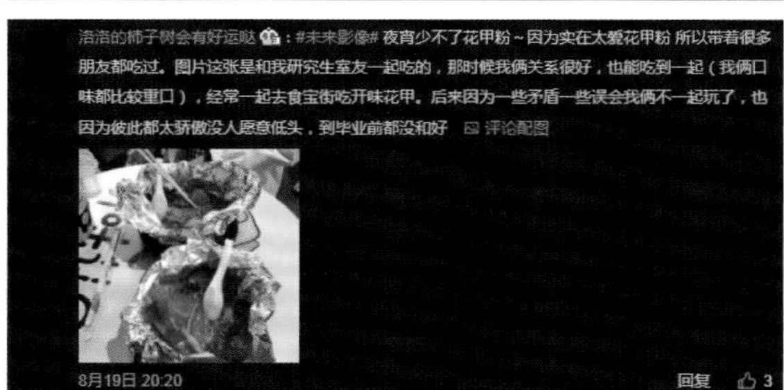

综上所述，情景剧类短视频以较短的时长演绎完整的故事，剧本内容不一定循规蹈矩，但一定要有代表性。或是轻松搞笑，或是传递社会价值，总体上需要戏剧创作者具有一定的创作能力和艺术水平。剪辑方式以叙事结构为主线，把故事讲述清楚是关键，背景音乐起到烘托主题的作用。

目前，情景剧类短视频面临内容同质化、题材低俗化以及形式单一化的问题，需要做出及时的应对，这样才能得到更好的发展。

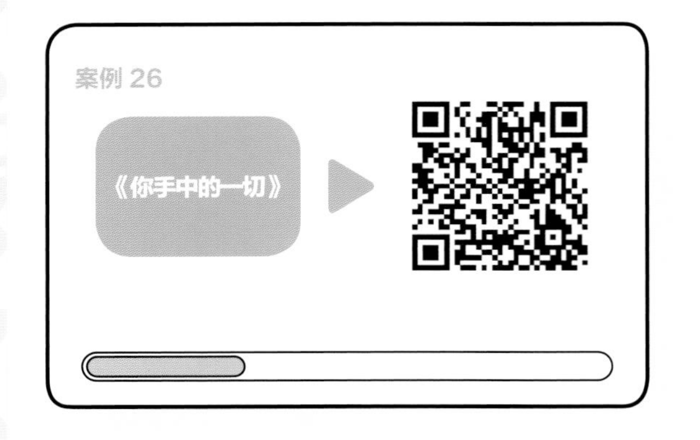

手，是我们身体很重要的部位，一双手能用来干什么？这是法国导演 Gioacchino Petronicce 带来的一部关于手的“神剪辑”短片《你手中的一切》。

短片中的手，来自不同性别、不同年龄、不同职业的人，他们用手吃饭、写字、弹琴、打字、浇花、洗脸、切菜、遮阳、扣扣子，他们的故事几乎包含生活的方方面面。短片通过不同景别、不同角度的镜头剪辑，遵从运动规律的合理性，组接成了一个连贯而完整的银幕作品。

在音乐的使用上，一支钢琴曲贯穿全片，跌宕起伏，与镜头画面相得益彰，其间保留了由手的动作产生的声音细节，显得生动真实。

创意、剪辑、镜头，是短视频成功的三要素，剪辑的好坏在很大程度上决定了视频质量的高低，

拍摄手法上采用微距、升格、慢动作等技巧。　　注重光线的运用，通过光影效果展现意境美。

这就要求剪辑时从 3 个维度进行思考：

第一，主题明确。剪辑的核心是叙事，叙事需要紧扣主题。

第二，节奏流畅。让故事变得更加精彩，把控视频整体节奏的流畅感。

第三，重视二次创作，为故事锦上添花。

《你手中的一切》这部短片受到不少剪辑爱好者的喜爱，得到了很高的评价。

传统的剪辑更看重动作的连贯性和流畅性，剪接点越不明显越好，让观众感觉不到剪辑的痕迹，使叙事呈现整体感，镜头之间的转化要符合观众的思维方式。

创意剪辑时代的到来，意味着剪辑在技术角度和艺术角度的双向提升，贴切、过场、升格、多格、平行剪辑等手法的运用，不仅使空间叙事更具张力，重组了碎片化叙事，加剧了戏剧冲突，也让影视节目的节奏更加引人入胜。在受众体验上，视觉冲击力和情绪传达也更加强烈。数字绘景、人物抠像、人物动作捕捉等具有视觉特效的创意性剪辑手法，不仅丰富了影视节目的内容结构，强化了叙事艺术，让影视节目的深度、情感表达更具表现力，也为观众带来更加细腻的观赏体验。

在视频制作的过程中，剪辑是一个非常重要的环节。尤其在新媒体时代，随着数字技术的不断更新，剪辑技术也日新月异。为了更快地吸引受众的眼球，通过剪辑实现特效动画就成了视频文化特征表现以及创新的重要途径。

例如在短视频《创意剪辑　恍如魔术》中，我们看到的画面就如同变魔术一样令人匪夷所思，实际却是剪辑师所为。

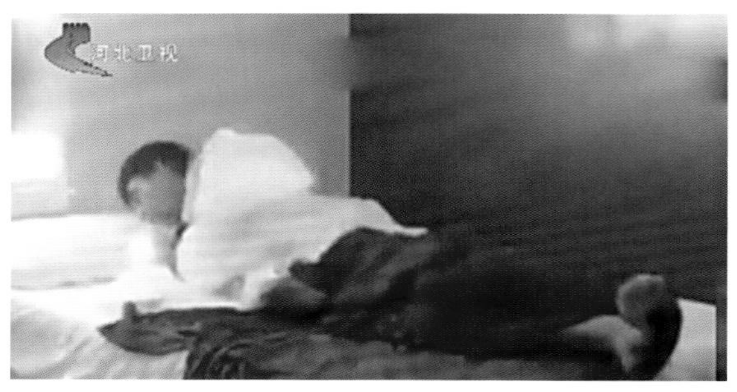

上一秒在红色的床单上翻滚，下一秒床单变成红色的裤子穿在身上；上一秒是凌乱不堪的床铺，下一秒是整齐得可以接待客人的沙发；上一秒是坐在沙发上玩手机不肯抬头的手机迷，下一秒就变成了一堆土豆。这些画面仿佛是无缝衔接的连贯故事，让人大声惊呼“像变魔术一样”，这正是创意剪辑的神奇之处。剪辑的作用是将单独看来没有任何意义的声音和画面，经过拼接截取而产生“旋律”，通过组合形成情节。

剪辑能够让运动画面具有连贯性。比如，动作镜头有起幅和落幅，通过剪辑，将运动速度相近的镜头衔接起来，这样就能够保持动作节奏的和谐一致。尽管有静有动，但是不存在任何违和感。

目前市面上的剪辑软件很多，不同的剪辑软件有不同的使用方法，初学者可以选择比较简单实用的工具来学习。

与此同时，一些常用的剪辑特效，如淡入、淡出、划入、叠化、焦点变虚，是初学者可以轻松应用的。而动接动、静接静、动接静等组接技巧，以及避免两个画面之间无意义的同景别切换，注意画面之间的内在逻辑，善于用音乐、噪声等外加因素控制节奏等剪辑经验和技术，也是可以在学习剪辑的过程中慢慢掌握的。

第十一章

短视频 + 直播

线下的宣传活动往往过度依赖场景与场地，如今，越来越多的消费者习惯于足不出户在家中下单购买商品，越来越多的商家和企业通过线上直播进行预售、团购，展示商品，开辟线上推广渠道。消费者和商家心态的转变，给短视频行业带来了极大的利好，在这种情况下涌现了大批带货主播，他们可能是“网红”群体，可能是某方面的精英人士，也可能是本来不了解新媒体运营的老板、店主。总之，低门槛、低投入的直播带货形式，成为近年来非常流行且具有讨论价值的一种短视频形式。

2020 年 4 月 1 日的直播开始前，罗永浩的抖音账号已经收获了 500 万粉丝。熟悉罗永浩的人都知道，三起三落不足以概括罗永浩的创业生涯。从新东方的老师到创办牛博网，再到创办锤子科技公司做锤子手机，罗永浩凭借个人魅力一直受到不少人的关注。我们来看罗永浩为了直播制作的这条短视频，视频通过两个过肩镜头交代人物位置关系，一个面部特写表现人物个人魅力，拍摄手法很简单。

再来看文稿。

标题：这位粉丝砍价的过程中究竟发生了什么？

罗永浩：李总我就是怎么说呢，想给我们直播间的粉丝争取个全网最低价。

李总：没问题，罗老师。我们初次合作一般是 7.85 折，签框架我可以申请个 6.33 折。如果您采购套装我还有让利加 15% 的回扣，这样最终算下来就是 5.68 折。您看行吗？

罗永浩：就是能不能不处理得这么复杂，就是你让他一听就是很大的折扣，不行吗？直接一点。

李总：要不然这样，在刚才的基础上，如果你们再送我们一个品牌露出，第二批货还能有个 0.44 的返利，这样算下来差不多也就是 5.52 折了。

罗永浩：哎呀你这 5.52、0.44 就是听着特别费劲，就你就让他一听就是捡了一块儿便宜，能行吗？直接点。

李总：要不然这样，您先按全款的 17% 交一个定金，然后我们交付时会做一个 1.37 倍的定金膨胀。

罗永浩：……

视频文本延续了罗永浩一贯幽默风趣的“段子手”风格，供货商不够实惠、不能从消费者角度考虑问题的回答让人哭笑不得。然后衔接已成为互联网经典场面的罗永浩自扇耳光片段，让人忍不住捧腹大笑。结尾页面是简单明了的“4 月 1 号晚 8 点，抖音直播室见”——重要信息和宣传目标非常明确。

其实在直播首秀之前，不少媒体都在参与助推工作，清博舆情数据显示：

自 2020 年 03 月 15 日 09:45:16 至 2020 年 04 月 02 日 09:45:16，“罗永浩”方案下共监测到相关舆情信息 326492 条。其中微博的比重最大，共有 243719 篇，占比 74.65%;APP28571 篇，占比 8.75%;网页 14960 篇，占比 4.58%;微信 11652 篇，占比 3.57%;其他平台 8805 篇，占比 2.7%;头条号 7076 篇，占比 2.17%;问答 6228 篇，占比 1.91%;视频 3165 篇，占比 0.97%;搜狐号 2316 篇，占比 0.71%;目前主要的报道集中在微博、微信、头条号、知乎、凤凰新闻等几大站点。详细报告请继续浏览。

其中占前五位的热门文章分别是：

编号	媒体平台	监测词组	标题	发布时间	相似文章数
1	微博	罗永浩+直播	转发微博###今晚八点，我们不见不散！@罗永浩#罗永浩直播卖货#	2020-04-01 20:46:45	14417
2	微博	罗永浩+直播	罗永浩原博……看了招商证券那份著名的调研报告之后，我决定做电商直播了。虽然我不适合卖口红，但相信能在很多商品的品类里做到带货一哥。欢迎各种优质商品的厂商跟我们的商务团队联系 luoyonghao2020@outlook.com 顺便也提醒大家提前存好钱等着吓一跳。http://t.cn/A6znWNEW	2020-03-20 18:34:52	9359
3	APP	罗永浩+直播	罗永浩：4 月 1 日晚 8 点将在抖音示范直播带货，你怎么看呢	2020-03-27 12:49:59	5240
4	微博	罗永浩+直播	画风精奇！###@罗永浩来啦！他是直播卖货界冉冉升起的新星，他拥有蜜汁自信认为自己能成为新的“带货一哥”！这未必是口出狂言。这不现场教起了金主爸爸们中国广告法！#罗永浩教用广告法#连带货都这么有梗，不愧是你罗永浩！所以你还不 pick 一下老罗的最爱洗衣产品——碧浪运动洗衣凝珠嘛！？	2020-04-02 09:31:54	3158
5	微博	罗永浩+直播	//@罗永浩:[微笑][握手][微笑]####老罗今晚卖什么#什么好东西让罗老师爱不释手？迎着价格疾风，多少人会纷纷出手？今晚 8 点@罗永浩直播间我们不见不散。PS:这次真不赚钱，就为和大家交个朋友。转发+评论，猜猜联想这款产品会交到多少朋友，抽 1 位粉丝送当晚联想好物@微博抽奖平台	2020-04-01 23:51:35	3015

传播效果分析

经过前期微博的铺垫和抖音的造势，罗永浩的抖音直播卖货交出了不错的成绩，首秀累计观看人数超过 4800 万，支付交易总额超过 1.4 亿元。75000 余支小米巨能写中性笔全部售罄；90000 余张奈雪的茶定制 100 元心意卡全部售罄；170000 余盒信良记小龙虾全部售罄……

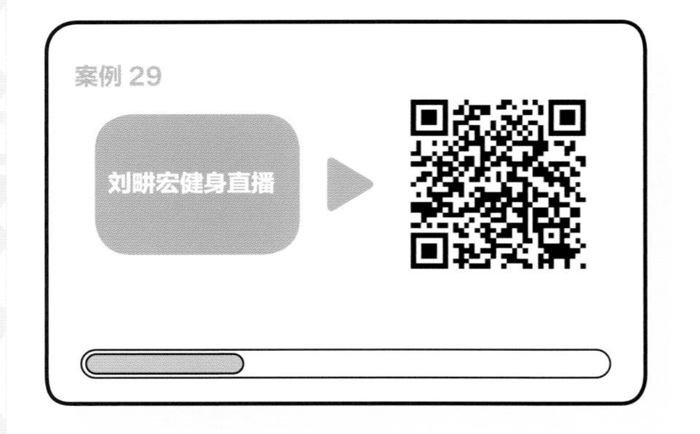

很多人之前对刘畊宏的认识都停留在《爸爸去哪儿》中小泡芙的爸爸，周杰伦的好朋友。他在观众中虽然有一定的知名度，但算不上明星，关注度不高。然而随着在上海居家隔离期间和妻子一周五天网络直播燃脂健身操，刘畊宏在抖音收获了 5000 多万粉丝。一夜之间，全网的“刘畊宏男孩女孩”们都在等着刘教练“批改作业”，刘畊宏也成了直播界的“现象级”主播。

和罗永浩用短视频吸粉从而带货的模式不同，刘畊宏在爆火之前，账号里有很多内容是分享自己的家庭日常生活，与三个孩子的和谐相处，涉及多个系列：居家运动系列、美食探店 VLOG、隔代亲系列、家庭日常系列、跳操快乐源泉等，没有明确清晰的个人风格定位。接下来我们就以他在健身直播中的表现来做案例分析。

直播的好处在于可直接呈现事件发展的全过程，从视频中可以看到，刘畊宏夫妻带领着大家一起锻炼，既专业又有亲和力，他以一个“元气满满但碎碎念”的健身教练形象示人，身后的妻子时常“划水”，使线下的普通观众更容易代入。元气十足的丈夫和“被迫营业”的妻子既呈现了一种有趣的反差感，也使得直播氛围充满幸福感。刘畊宏夫妻也经常分享他们的故事，和观众打成一片。

“身上的肥油咔咔掉，人鱼线马甲线我想要”……直播作为网络时代的最新社交方式，由于融合了文字、语音、画面等多种表现形式，内容观赏性更强，适宜人群更广，因此相较传统的传播方式具备更大的优势，传播范围更广，传播速度更快。刘畊宏直播间里欢快的互动氛围，周杰伦悦耳的曲风，以及传递的积极向上正能量，让暂时居家的人能够在“闲置”的时间里免费提升自己和得到放松，所以何乐而不为？直播间人数不断攀升，涌现出一个个“刘畊宏男孩”“刘畊宏女孩”。

传播效果分析

刘畊宏的这波直播不仅得到了全网的喜爱，更得到《人民日报》等官方媒体的点赞以及表扬。《人民日报》记者还以直播的形式连麦刘畊宏夫妇，将健身的态度和观念更大范围传播开去。

“魔鬼教练”刘畊宏直播健身走红，人民日报：这波健身草是好事

更新时间：2022-05-02

人民日报

3448万 阅读

原创 22-4-28 21:07 来自 微博直播平台

【跳起来！正在直播：#人民日报连麦刘畊宏#】“摆起臂、腿抬高，腰间赘肉咔咔掉”。最近，刘畊宏的健身直播火了，全网在跳《本草纲目》毽子操。今晚，刘畊宏、王婉霏做客@人民日报 直播间，和你一起“云健身”，聊聊健身那些事儿↓↓#在人民日报直播间跳操是啥体验#？一起感受！人民日报的微博直播

一个艺人，能够得到官方媒体的认可和推广，对于提高知名度来讲无疑是非常有利的。刘畊宏抖音账号在短时间内“吸粉”7000 多万，可以想象，在粉丝就是经济的年代，拥有这个级别粉丝量的明星如果尝试带货，将会是多么强有力的号召。

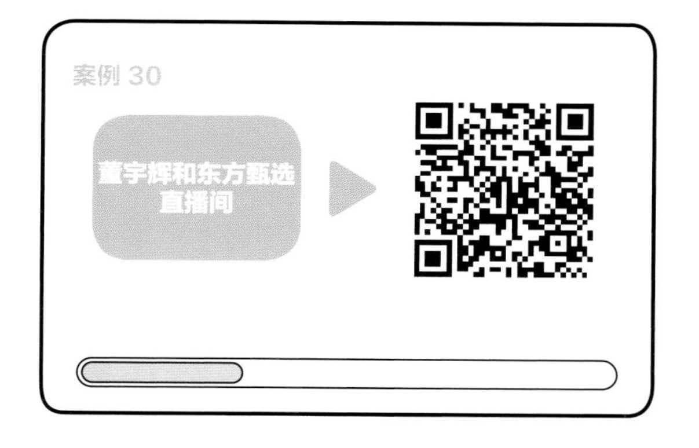

2021 年，教育部针对义务教育阶段学科内培训整治的“双减”政策出台，以新东方为代表的一众教育培训类机构纷纷转型，于是就有了东方甄选直播间，有了带货 + 英语教学模式。

案例30是一段直播节选，也正是这一段直播，让一个平平无奇，“自黑”撞脸“兵马俑”的主播直接被“封神”。主播上知天文下知地理，精通哲学、文学，有梗、有趣的沟通方式，瞬间吸引大量粉丝。下面我们分析一下这段爆火的文本。

背景团队吆喝：100 单大米哦！

董宇辉：大约在一万年前，新月湿地，就是现在的两河流域和埃及，幼发拉底河和底格里斯河这里，人类驯化了小麦，而不是小麦驯化了人类。因为以前我们学会了直立行动，为了种小麦，你弯下腰去，以前你学会了奔跑，你浑身健康，为了种小麦，你浑身疾病，你要捡石头，你要给它灌水，所以你关节炎，一身疾病。而且你小麦大米其实不能多吃，我们给大家推荐，但是也不要多吃。

背景团队：吃点儿好的。

董宇辉：对，吃点儿好的，但是吃点儿少的，碳水吃得多了，血糖出问题，然后你胰岛素会失控，对吧？1 万年前大概在新月湿地，人类驯化了小麦和羊。大概在另一端，大陆的亚洲的另一端，1 万年前中国人驯化了水稻，所以水稻是我们驯化的。人类一共有 700 万年的历史，真正重要的只有这 1 万年，因为农业革命，让人类的数量增加了。（历史知识）

1 万年的历史很久，但我只爱与你在一起的每一分每一秒，每一朝每一夕。I love three things in the world，我爱这世间的三个东西，The sun，the moon and you，太阳、月亮和你，The sun is for the day，the moon is for the night and you forever。太阳是白天，月亮是晚上，你是永远。（双语加分）

1 万年前人类驯化的水稻，我们于是发现了好的东西，但是大家知道真正现在的革命，其实工业革命我们上天入地，航空母舰宇宙飞船，都是 200 年，如果说微观到原子的层面，其实，我们也是由氢、氧、碳、铁这些组成的，组成你身体的元素可能比你脚下这座蔚蓝色的星球，其实要更为古老。你身体 70% 是水，氢来自于大爆炸，碳来自于恒星内部的核聚变，铁来自于超星星的爆炸。（物理化学知识）

所以从这个角度去说，我们都是宇宙星辰的孩子，光知道这一点就很浪漫。组成你身体一共需要七千亿亿亿颗原子，三个“亿”。注意，这是一个正常体型的成年人，像我这种矮小的可能能少一点儿。（自嘲、幽默）

光知道这一点就很浪漫。

背景团队：还有 10 单。

董宇辉：七千亿亿亿颗原子，每当你觉得自己是一个无名之辈，无足轻重，每当你觉得未来黯淡无光，没有希望的时候，请你记得有七千亿亿亿颗原子只为你一个人而活。如果把你身体的DNA连成一条线，你可以从地球一直到冥王星，所以你自己就能完成星际穿越。你很美好，就像顾城的那首诗，我们生如蚁，而美如神，每一个人都如此，虽然我们生如蝼蚁，但我们美若神明。请你记住这一点，你不要太灰心丧气，运气不一定一直好，但你的状态要一直好，心态要一直好。（提供情绪价值）

我们继续回来说细菌，人类在进化的漫长过程中，其实都没有意识到微观世界的存在。直到14世纪的欧洲，14世纪对欧洲人来说是一个非常糟糕的时候，因为刚12、13世纪被蒙古人摁着吊打，14世纪就来了黑死病。黑死病在短短的几年内带走了欧洲1/3的人口，早上还是用鞭子抽自己，用自己的终身的这个积蓄都买了教会的赎罪券，祈求上帝保佑自己。早上还在祷告，晚上就在焚烧，所以1/3的人口被迅速带走。人类迅速从惊恐中惊醒，发现上帝保护不了自己。于是开始研究天体行星，花草树木，宇宙万物。后来人们智慧地发现，2000年前古希腊人托勒密说的地球是核心，在宗教的加持之下，2000年来不敢有人质疑，只要质疑绑在柱子上烧。后来人们发现不是的，月亮才是核心，太阳才是核心。（知识积淀）

……亚里士多德说两个东西重新往下扔，重的东西先着地，2000年来没有人敢质疑。直到一个波兰人在比萨斜塔上，同时扔俩球发现同时着地，所以在那个巨人的肩膀上，牛顿后来总结了天体行星的规律，人类把天体、行星用几个极其精简而优美的公式表达了出来，只要我输入一个数字，我甚至能算出来下一个行星的位置，人类觉得自己无比强大了。但那之前是从细菌中的觉醒。牛顿统一了宏观，简洁到只有几个公式。那爱因斯坦统一了微观，对吧？当然我们也知道，其实14世纪的这个黑死病让人类只是惊醒，在第一次世界大战期间，世界各国的士兵涌向了美洲大陆，带着各自的抗体和各自身上的细菌。于是有了一个东西叫西班牙大流感，西班牙大流感跟西班牙没有关系，是因为从美国到欧洲作战之后，西班牙是中立国，它报道了很多这样的事情，所以人们就说是西班牙大流感，它也是一个背锅的。如果说当时这个黑死病能带走7000万人的话，那西班牙大流感能带走1亿人的生命，所以微生物才是这个地球真正的霸主。我刚讲了人类美若神明，但你要知道微生物更加是地球霸主。（前后呼应，层层递进）

如果按照现在科学家们的预计，在10亿年后，太阳的温度将会上升，地球的温度将会上升10℃。上升10℃意味着你我都不存在了，但直到那个时候在北极、南极或者地球第三极的冰层里，仍然有超强的细菌，在火山口接近沸腾、充满硫磺的水里头，仍然有微生物的存在，它们确实很强大。

我再给你讲一讲未来，预计10亿年后太阳会升温，地球的温度提升10℃，到时候人类将不复存在。就算我们走过了那一劫，50亿年后，太阳的寿命用尽了，它会坍缩形成黑洞，把太阳系整个吸进去。就算我们逃离了，等到数万亿年之后，不再形成任何一颗新的恒星，整个宇宙中的所有的星系都坍缩成黑洞，就连黑洞也消失之后，最终会形成一个 heatdeath，叫热寂，没有光，也没有声，黑暗的，冰冷的，什么都没有。你听到这里有一点难过，对吗？我第一次看到这里，我也有点难过。我在想，我们一路从东非走出来这么多年，难道最终是要面临灭绝的吗？很难过，很不幸的是，这一切都是事实。很幸运的是，这一切离你还足够远，我说了，数万亿年之久。去年中国人的平均寿命是 78.1 岁，你还有足够多的时间攀一座山，爱一个人，来一次东方甄选的直播间，买一单五常大米，带一份牛排，吃一碗香喷喷的米饭，平安喜乐地过好你这一生，这就是完美。到此结束，大家赶快去买大米，右下角。（回归卖货）

这只是董宇辉卖五常大米直播过程中的一段节选，全程不间断地输出知识，带动观众的情绪。在其他直播间里还在大声吆喝“3、2、1，上链接”时，董宇辉早就摆脱了这些没有技术含量的口号和手段。他自如运用知识和语言，还随时来点文艺表演——说段相声，来段贯口，吹拉弹唱——有趣，有料，又有用。

传播效果分析

直播本身是转瞬即逝的，但是董宇辉一波又一波的文化输出让许多喜欢他的观众忍不住录屏截图，并在自己的社交圈及各网站、媒体火速扩散和传播。全媒体时代，“自来水”们动动手指就使传播速度呈指数增长，有了大量的点赞和转发，东风甄选直播间在短短半个月内增粉 2000 多万。直播间收益暴涨，新东方股价赢得了资本市场的青睐。

从直播间的销售成绩来看，根据第三方数据平台统计，东方甄选的单日 GMV 已经接近 5000 万元。自 6 月 10 日以来，东方甄选单日 GMV 均突破千万元，分别为 1479.5 万元、2115.3 万元、1747 万元、2414.7 万元、4514.9 万元，近五日累计 GMV 突破 1.2 亿元。

股价和粉丝飙涨的同时，直播间的热度还在持续上升。

结语

综观短视频行业的各个成功案例，其专业化的选题构思、脚本设计、拍摄手法、剪辑技术等，都需要较高的运营水平及大量的运营时间。这些都需要每一位有志于在短视频行业做出成绩的人仔细地揣摩、研究和学习。

参考文献

Koala 谦爸 . 短视频三要素：创意、剪辑、镜 头 [EB/OL] .(2019-01-23) [2020-07-16]. https://www.jianshu.com/p/f9acd786c0b1.

Porter,M E.Clusters and New Economics of Competition[J].Harvard Business Review,1998（10）.

成长春 . 推动长三角 文化产业协同发展 [EB/OL].(2018-12-11)[2020-05-06].http://jsnews.jschina.com.cn/zt2018/docs/201812/t20181211_2100511.shtml.

褚俊杰 . 国内短视频盈利模式探析 [D]. 上海: 上海师范大学，2018.

崔瑾 . 新闻资讯类短视频内容生产策略研究 [D]. 石家庄：河北大学，2018.

崔旺旺 . 从 ID 到 IP 化网红的市场发展研究——基于短视频新媒体分析 [J]. 市场周刊，2018(9).

高志远，吕春艳 . 浅析影视广告中剪辑的作用 [J]. 新闻研究导刊，2018（22）.

国家广电智库 . 新华社新闻短视频的内容生产 策 略 [EB/OL]. (2019-04-08) [2020-05-06]. https://www.sarft.net/a/202246.aspx.

黄楚新 . 融合背景下的短视频发展状况及趋势 [J]. 人民论坛 · 学术前沿 ,2017(23).

贾陈瑾 . 短视频“一条”的内容生产与运营研究 [D]. 成都：四川师范大学，2018.

金超伟 . 新媒体语境下短纪录视频的现象与创作研究——以二更视频为例 [D]. 杭州：浙江大学 ,2017.

马克 · 波斯特 . 第二媒介时代 [M]. 范静哗，译 . 南京：南京大学出版社，2000.

马歇尔 · 麦克卢汉 . 理解媒介：论人的延伸 [M]. 何道宽，译 . 南京：译林出版社 ,2019.

腾云 . 移动短视频发展的传播学研究——以美拍为例 [D]. 大连：大连理工大学，2016.

王新喜 . 疫情之下，2020 年短视频的“危”与“机”[EB/OL]. (2020-02-29) [2020-05-06].https://tech.ifeng.com/c/7uSvMNihE5W.

王雨佳 . 科普短视频的叙事话语分析——以“无穷小亮”《网络热门生物鉴定》系列科普短视频为例 [J]. 西部广播电视 ,2023(12).

熊晓玲 . 产业链视角下的短视频内容营销价值研究 [D]. 西安：西北大学 ,2017.

徐红 . 微型剧类网红作品的传播特色研究——以 Papi 酱为例 [D]. 合肥: 安徽大学 ,2017.

杨皓 . 街头采访短视频的野蛮生长 [J]. 检察风云，2017(16).

姚力文，段峰峰 . 网络短视频平台流量变现探析 [J]. 新闻前哨，2019（8）.

佚名 . 第 45 次《中国互联网络发展状况统计报告》出炉：全国 6.5 亿网民月收入不足 5000 元 [EB/OL].(2020-04-28) [2020-05-

06].http://finance.sina.com.cn/wm/2020-04-28/doc-iirczymi8876230.shtm.

佚名 . 短视频进入下半场：残酷的“三个月网红期”[EB/OL]. (2017-08-03) [2020-08-16].http://m.cnr.cn/tech/20170803/t20170803_523882633.html.

佚名 . 广州非遗的“品牌 IP 化梦想”：打造“城市整体记忆 IP”[EB/OL].(2019-01-10) [2020-05-06] https://dy.163.com/article/E552RVO80518H49M.html.

佚名 . 晒出颜值与气质 晒出自信与发展 [EB/OL].(2019-04-08). [2020-07-06].http://www.wldsb.com/wldsw_content/2019-04/08/content_518126.htm.

佚名 . 始于颜值，陷于才华，忠于人品！是时候告别快餐式网红了 [EB/OL]. (2019-05-03) [2020-05-09].http://m.ce.cn/sh/sgg/201905/03/t20190503_31989499.shtml.

佚名 . 重庆新版形象片上线，穿楼轻轨和火锅亮相 [EB/OL].(2018-05-17) [2020-07-14].https://www.thepaper.cn/newsDetail_forward_2134607.

殷俊 , 邓若伊 . 新媒体与文化艺术产业 [M]. 上海：复旦大学出版社，2016.

殷俊 , 刘瑶 . 我国新闻短视频的创新模式及对策研究 [J]. 新闻界，2017（12）.

殷俊 , 张月月 .“网红”传播现象分析 [J]. 新闻与写作，2016（9）.

喻国明 , 等 . 新媒体环境下的危机传播及舆论引导研究 [M]. 北京：经济科学出版社，2017.

郁义鸿 . 产业链类型与产业链效率基准 [J]. 中国工业经济，2005(11).

于运全 . 讲好新时代的中国故事 [N]. 光明日报，2018-01-30.

曾莉，李玉麟 . 浅谈短视频内容创意与传播策略 [J]. 基层建设，2019(26).

张密 . 人民日报治理之道：用好人才这一战略资源 [EB/OL].(2019-05-28) [2020-05-08].http://opinion.people.com.cn/n1/2019/0528/c1003-31105595.html.

郑龙 . 爆款短视频是怎样炼成的 [J]. 视听界 ,2018(5).

钟大鹏 . 微电影风格化创意结构与镜头剪辑创新研究 [J]. 电影评介，2018(1).

周菲乔 . 移动互联网时代下短视频 APP 的传播模式和传播策略研究 [D]. 成都：成都理工大学，2016.

朱春阳 . 全媒体建设之全息媒体价值探寻 [J]. 当代贵州，2019(23).